Immanuel Birmelin

Wellensittiche

Fotos: Uwe Anders und
weitere bekannte Tierfotografen
Zeichnungen:
György Jar

INHALT

TYPISCH WELLENSITTICHE

- Farbenprächtiges Gefieder.
- Neugierig und aufgeweckt.
- Anhänglich an »ihren« Menschen.
- Sind gern in Gesellschaft.
- Schmusen gerne mit dem Partner.
- Vertragen sich auch gut im Schwarm.
- Können sprechen lernen.
- Liebevolle Vogelmütter.

Wellensittiche sind für alle Streiche und Spiele zu haben. Sie turnen und schaukeln gern, fliegen neugierig überall hin und setzen sich bei vertrauten Menschen auf den Kopf oder auf die Schulter und lassen sich im Zimmer spazierentragen. Dabei knuspern sie auch kleine Salzpartikel von der Haut ihres menschlichen Begleiters.

Am meisten Spaß haben Sie und Ihre geflügelten Freunde, wenn Sie immer neue Spiele mit ihnen spielen. Die Vögel lösen einfache »Rechenaufgaben«, spielen Wasserball mit Weintrauben, machen Musik mit Glasmurmeln und lassen sogar das Sonntagsglöckchen klingeln.

ENTSCHEIDUNGSHILFEN

1 Wellensittiche brauchen ein großes Vogelheim, in dem sie möglichst auch ein wenig fliegen können. Doch das hat seinen Preis.

2 Wellensittiche leben gern dort, wo die Menschen sind, können aber mit Zwitschern und Schnattern auch Lärm machen. Das müssen Sie akzeptieren.

3 Wellensittiche brauchen täglich die Möglichkeit zum Freiflug. Dabei können sie Schmutz machen oder Möbel und Zimmerpflanzen anknabbern. Dafür müssen Sie Toleranz aufbringen.

4 Sie werden bei guter Haltung bis zu 15 Jahre alt und vertragen einen Besitzerwechsel schlecht. Sie tragen in dieser Zeit die Verantwortung für die Vögel.

5 Die Pflege der Tiere ist zwar nicht aufwendig, aber einen gewissen Einsatz an Zeit und Geld erfordert sie doch.

6 Wellensittiche sind keine Streicheltiere. Sie lassen sich nicht wie Hund und Katze anfassen.

7 Wenn Sie das Vertrauen dieser reizenden Vögel gewinnen wollen, müssen Sie täglich Zeit in ihre Beschäftigung investieren.

8 Klären Sie schon vor dem Kauf, wie Ihre Tiere versorgt werden, wenn Sie in Urlaub fahren oder krank werden (→ Seite 37).

9 Wenn Sie noch andere Heimtiere haben, überlegen Sie, ob sich Ihre Wellensittiche mit ihnen vertragen (→ Seite 29).

10 Klären Sie bitte vor der Anschaffung, daß weder Sie noch ein Familienmitglied allergisch auf Vogelfedern reagieren.

Einzelner Vogel oder Pärchen?

Wellensittiche sollten nicht einzeln gehalten werden. Als Wildtiere leben sie in großen Schwärmen – und so mögen es auch unsere Wellensittiche daheim am liebsten.
Als Einzeltiere brauchen sie wesentlich mehr Zuwendung. Aber selbst, wenn Sie sich sehr ausgiebig mit Ihrem Vögelchen befassen, wird es immer einen Artgenossen vermissen. Zwei Tiere sind daher das Minimum.

Männchen oder Weibchen?

Am wohlsten fühlen sich Wellensittiche, wenn Männlein und Weiblein ein Paar bilden können. Keine Sorge – ohne Brutkasten gibt es keinen Nachwuchs.

✔ Bei einem Pärchen können Sie das Verhalten dieser kleinen Papageien am besten studieren. Sie werden entdecken, wie reizend Männchen und Weibchen miteinander umgehen, sich umwerben und liebkosen. Mit einem Pärchen werden auch Sie die meiste Freude haben.

✔ Männliche Wellensittiche vertragen sich auch gut miteinander. Nur ist es für Sie und für die Tiere nicht ganz so spannend. Viele arttypische Verhaltensweisen werden Sie nie beobachten können, wenn Sie zwei Männchen halten.

✔ Abraten würde ich von zwei Weibchen. Unter ihnen kommt es oft zu Streitereien, die sogar blutig enden können.

ANSCHAFFUNG UND EINGEWÖHNUNG

Wellensittiche begleiten uns mit lustigen Spielen und munterem Gezwitscher fröhlich durch den Alltag. Sie faszinieren uns durch ihr farbenfrohes Gefieder. Die Farben entstanden durch Züchtung – in ihrem Verhalten aber sind sie noch ganz unverfälscht wie ihre wilden Vorfahren.

Kleine Papageien Australiens

Wir fliegen in einem kleinen Flugzeug über die faszinierende Landschaft im Innern Australiens. Unter uns die unendliche Weite, unterbrochen von Sträuchern und einzelnen Eukalyptusbäumen. Hier, in dieser nahezu roten Sandwüste, sollen Wellensittiche leben – kaum zu glauben, daß die wilden Vettern unseres Heimtiers mit diesen harten Lebensbedingungen fertig werden. Immerhin klettert um 11 Uhr morgens das Thermometer auf 45°C, und seit Wochen hat es nicht geregnet.

Mit Bestimmtheit weiß niemand zu sagen, wo sich die Wellensittiche in diesem weitläufigen Land befinden. Sie leben nomadisch. Sie bleiben dort, wo die Bedingungen gut sind, und ziehen dann in großen Schwärmen weiter.

Plötzlich unter uns eine Ansammlung von grünen Leibern. 500 bis 1000 Wellensittiche tummeln sich an einem Wasserloch. Man sieht fast nichts von der Wasseroberfläche. Wir landen in einiger Entfernung, um diesen Schwarm zu beobachten.

Wellensittiche lieben es, zwischen den Zweigen des Vogelbaums etwas zum Naschen zu finden.

Leben im Schwarm

Wilde Wellensittiche sind schöne Vögel mit prächtig grünem Gefieder. Kleine Kraftpakete und dabei wendige und geschickte Flieger.

Ein faszinierendes Schauspiel, diese Tiere beim Starten und Landen zu beobachten, wie sie mit den Schnäbeln in Sekundenschnelle Wasser aufnehmen, hochfliegen und von neuem Wasser fassen.

Nach dem Trinken fliegt der ganze Schwarm auf die nahegelegenen Bäume und ruht sich aus. Nun sieht man, wie vorteilhaft die grüne Farbe ist. Die Vögel sind im Blattwerk getarnt, so daß man sie kaum sieht.

Friedlich sitzen die Wellensittiche in ihren Bäumen. Es gibt keine Anzeichen von Streitereien oder Bevorteilungen eines Tieres, auch dann nicht, wenn die Schar zur Futtersuche aufbricht.

Zu Beginn der Ruhepause schnattern und zetern einzelne Vögel, bis sie ihren passenden Platz eingenommen haben. Dann wird es befremdlich still. In diesem Verhalten ähneln sie meiner bunten Vogelschar zu Hause. Auch meine Vögel machen gemeinsam Pause und gehen zusammen auf Erkundungen. Nie unternimmt ein Vogel etwas alleine ...

Die Anpassungsspezialisten

Ein ganzer Schwarm wilder Wellensittiche tummelt sich an einer Wasserstelle.

Auf dem fünften Kontinent, der als der trockenste aller Erdteile gilt, werden die Lebensgesetze von extremen klimatischen Verhältnissen diktiert. Es kann hier monatelang nicht regnen. Diese Trockenheit fordert ihre Opfer.

Während der langen Trockenzeit verdorren viele Pflanzen und Gräser, so daß die Sittiche gezwungen sind weiterzuziehen. Die Tiere müssen enorme Distanzen überwinden, um Wasser zu finden. Dabei kommt es manchmal zu einem dramatischen Massensterben, wenn Tausende geschwächter Tiere an den hohen, steilen Wänden einer Tränke ins Wasser gleiten und mit dem nassen Gefieder nicht mehr die Kraft haben, sich aus dem Wasser zu retten.

Längst ausgestorben wäre der kleine Wellensittich, könnte er diese hohen Todesraten nicht allen lebensfeindlichen Bedingungen zum Trotz immer wieder ausgleichen. Die Natur hat ihm ein ganzes Paket Fähigkeiten mitgegeben, die es ihm ermöglichen, in kürzester Zeit sehr viel Nachwuchs zu produzieren, damit die Art überlebt (→ Seite 39).

Unsere einheimischen Vögel verteidigen ihre Reviere, die Hähne balzen um Weibchen, und oft vergehen Wochen, bevor die eigentliche Paarung stattfindet. Zu alldem fehlt Wellensittichen einfach die Zeit, wenn sie den Wettlauf gegen die kurze Regenperiode gewinnen wollen:

✔ Wellensittiche sind sexuell »frühreif«. Sie beginnen mit der Partnersuche bereits, wenn sie erst wenige Monate alt sind. Und sie wählen ganz gezielt den Hahn oder die Henne »fürs Leben«. Die Phase der Werbung, Hochzeit und Eiablage spielt sich so in kürzester Zeit ab. Denn zwei, möglichst sogar drei Bruten muß jedes Paar in der kurzen Regenperiode aufziehen.

✔ Wellensittiche bauen keine Nester, sondern suchen geeignete Bruthöhlen in älteren oder abgestorbenen Bäumen. Das Innere der Bruthöhle verändern sie nicht. Gereinigt werden die Höhlen durch Insekten.

✔ Auch die Revierverteidigung entfällt. Als friedliche Schwarmvögel brüten Wellensittiche in Kolonien und brauchen nur ein Minimum an individuellem Freiraum.

Vom Wildtier zum Heimtier

Die ungeheure Anpassungsfähigkeit und das Talent, aus jeder Situation immer das Beste zu machen, haben sicher dazu beigetragen, daß der Wellensittich zum beliebtesten Heimvogel geworden ist.

Über 100 Jahre Zucht haben dem kleinen Papagei neue Farben gebracht. Und er ist größer und stattlicher geworden, seit John Gould 1840 die ersten lebenden Wellensittiche von Australien nach England brachte. Ein Londoner Vogelhändler verkaufte das erste Pärchen für sage und schreibe 27 Pfund Sterling, was heute einer Kaufkraft von mehr als 1000 Mark entspricht. In Europa setzte eine regelrechte »Wellensittich-Euphorie« ein. Allein Frankreich importierte 100000 Paare im Jahr. Die kleinen Papageien wurden so beliebt, daß die australische Regierung eine zu starke Dezimierung ihrer Bestände fürchtete und 1894 ein Ausfuhrverbot für Wellensittiche verhängte. Aber inzwischen gab es große Züchtereien in Frankreich und Belgien, so daß man nicht mehr auf die Einfuhr australischer Sittiche angewiesen war.

Es ist kein Wunder, daß unter den unzähligen in Europa gehaltenen Wellensittichen auch Tiere dabei waren, deren Gefiederfarbe von der des grünen Wildvogels abwich. Mit ihnen konnten bis heute Wellensittiche in vielen Farbschlägen gezüchtet werden (→ Seite 12).

Erstaunlich ist dabei, wie sehr unsere bunten Heimvögel im Verhalten dem Wildvogel ähneln (→ Seite 39). Anscheinend hat der Mensch durch die Zucht nur ihr Äußeres verändert. In ihrem Verhalten sind sie weiterhin »Australier«. Für eine artgerechte Haltung müssen wir daher die ererbten Strukturen kennen und auf sie eingehen.

Für dieses Pärchen ist der dürre Ast ideal zum Brüten.

IM PORTRÄT: WELLENSITTICHE

Eine Wellenzeichnung im Federkleid zeichnet die meisten Wellensittiche aus. Doch es gibt auch gescheckte und einfarbige Gefieder in einer Fülle von Farben. Den Vögeln selbst sind die Farben nicht wichtig, sie vertragen sich alle gleich gut.

Gelbgesicht Wellensittich Weiß-Mauve (links), Rezessiver Schecke Grau (rechts).

Albino rein weiß.

Normal Graugrün.

Normal Violett (links) und Zimt Hellblau (rechts).

Rezessive Schecken Grau (links) und Dunkelgrün (rechts).

Wellensittiche Hellgrün (links) und Aufgehellt: Weiß Weißblau (rechts).

Opalin-Wellensittich Dunkelblau (links) und Grau (rechts).

Schecke Dunkelgrün (oben), Falbe Grün (links), Australischer Schecke Graugrün (rechts).

Ob grün oder blau – am Morgen recken, strecken und putzen sich alle gemeinsam.

Farbschläge

Wilde Wellensittiche messen vom Schnabel bis zur Schwanzspitze 16 bis 20 cm und wiegen etwa 30 Gramm. Sie sind also etwas kleiner als unsere Vögel zu Hause.
Man findet im australischen Busch auch nicht die schönen bunten Farbschläge unseres domestizierten Vogels. Sie würden in der Wildnis nicht überleben, weil ihre grellen Farben sich zu sehr von der Landschaft abheben und daher von Beutegreifern zu leicht erkannt werden.
Die Wildvögel sind alle grün. Der Kopf ist gelb mit einer dichten schwarzen Wellenzeichnung. Das Gesicht, auch Maske genannt, ist vom Scheitel bis zur Kehle hellgelb. Den Abschluß der Maske bilden links und rechts die länglichen Bartflecken (→ Foto, Seite 11).
Mit einzelnen Tieren, die von dieser Färbung abwichen, züchteten die Menschen weiter, so daß es heute eine reiche Palette an Farbvariationen der Sittiche gibt. Von blau bis gelb und sogar weiß, von einfarbig bis gescheckt (→ Seite 12). Die gezüchteten Wellensittiche sind etwas größer und schwerer als ihre wilden Urväter. Ihr Verhalten hat sich aber über alle Züchtungen hinweg in seiner ursprünglichen Form erhalten können (→ Seite 39).

Wellensittiche kaufen

Beim Händler oder Züchter werden Sie vor der plappernden, zeternden, bunten Vogelschar stehen und die Qual der Wahl haben. Schließlich sind sie doch alle schön, ob blau, gelb oder grün. Aber oft trügt das Äußere, nehmen Sie sich daher ein wenig Zeit beim Kauf.

✔ Tiere, die verängstigt in einer Ecke des Käfigs sitzen und sich kaum bewegen, sind schwerer zu zähmen als solche, die selbstbewußt in der Voliere trippeln.

✔ Beschäftigt der Vogel sich mit einem Gegenstand, mit seinen Artgenossen, ißt und trinkt er, putzt er sich, dann ist er mit großer Wahrscheinlichkeit ein munteres Kerlchen.

✔ Mit etwas Glück entdecken Sie zwei miteinander schnäbelnde und sich das Gefieder kraulende Tiere. Diese Vögel wären ein ideales Pärchen.

✔ Kaufen Sie junge Tiere im Alter von 5 bis 6 Wochen. Dies ist das beste Alter, um die Tiere zu zähmen (→ Seite 22). Nestjunge Wellensittiche sind einfach zu erkennen: Ihre Augen sind im Verhältnis zum Kopf sehr groß und einfarbig dunkel ohne hellen Irisring.

Gesellschaft ist wichtig

Wellensittiche sollten mindestens zu zweit leben können (→ Seite 7). Wenn Sie nicht schon ein Pärchen gefunden haben, kaufen Sie zuerst nur einen Vogel und zähmen Sie ihn. Kaufen Sie etwa 2 Wochen später den Partner (→ Seite 23). Ob Sie Männchen und Weibchen oder lieber zwei Männchen möchten, in jedem Fall muß beim Kauf das Geschlecht bestimmt werden: Bei ausgewachsenen Tieren ist es leicht, Männchen und Weibchen zu unterscheiden. Denn nach abgeschlossener Jugendmauser färbt sich die Nasenhaut oberhalb des Schnabels: Bei Hähnen wird sie blau, bei Hennen dagegen braun-beige.

Checkliste
Beim Kauf beachten

1. **Der Vogel sollte munter und lebhaft sein.**
2. **Sein Gefieder sollte glatt anliegen und matt glänzen.**
3. **Die Schwanz- und Schwungfedern müssen ausgebildet sein und dürfen keinesfalls geknickt abstehen.**
4. **Die Federn um den After sollten nicht verschmutzt sein. Dies kann ein Zeichen für Durchfall oder eine schlimmere Krankheit sein (→ Seite 55).**
5. **Wie bei allen Papageien sollten 2 Zehen nach vorne und 2 Zehen nach hinten weisen. Eine andere Zehenstellung läßt auf Überzüchtung schließen.**
6. **Kaufen Sie keine zu schweren, überzüchteten Standardsittiche. Diese Tiere sind träger, verfetten leicht und sind daher krankheitsanfälliger.**

Bei Jungtieren haben auch erfahrene Züchter und Händler manchmal Schwierigkeiten, das Geschlecht zu bestimmen, denn die Nasenhaut beiderlei Geschlechts ist noch hellrosa oder hellbeige. Eine kleine Hilfe: Wellensittichweibchen haben um die Nasenlöcher haarfeine helle bis weißliche Ringe.

Beim Händler beachten

Wellensittiche werden von Zoofachgeschäften und Züchtern angeboten. Um sicher zu gehen, daß die Vögel dort gut gehalten werden und Sie ein gesundes Tier bekommen, sollten Sie auf folgende Punkte achten:

✔ Fragen Sie, woher die Tiere stammen. Haben sie eine lange Reise in kleinen, zu dicht besetzten Transportkäfigen hinter sich, sind sie später meist ängstlich und nicht so leicht zu zähmen.
✔ Haben die Tiere ausreichend Futter und frisches Trinkwasser zur Verfügung?
✔ Sind die Käfige groß und sauber?
✔ Sind die Käfige mit sauberem Sand eingestreut? Kein Sandpapier!
✔ Beim Kauf beim Züchter achten Sie darauf, daß Sie keine Inzuchttiere bekommen. Fragen Sie ihn, ob die Tiere miteinander verwandt sind.

Der Ring fürs Leben

In Deutschland herrscht Ringpflicht für alle Papageien, so auch für den Wellensittich. Beim Kauf wird jedem kleinen Vögelchen ein Ring angelegt, aus dem man ersehen kann, woher es stammt. Der Gesetzgeber will so verhindern, daß sich die Papageienkrankheit unkontrolliert ausbreitet (→ Seite 58).

Der Ring ist nicht ganz ungefährlich für den Vogel. Er kann daran hängenbleiben und sich beim Befreiungsversuch das Beinchen brechen. Wird der Ring zu eng, können Durchblutungsstörungen auftreten. Achten Sie daher darauf, daß der Ring richtig am Bein des Vogels sitzt.

Die richtige Ausstattung

Für die Gesundheit Ihrer Wellensittiche ist es wichtig, daß Sie ihnen den Aufenthalt im begrenzten Raum eines Zimmers oder einer Wohnung so angenehm wie möglich gestalten. Vogelheim und Ausstattung sollten deswegen den Bedürfnissen Ihrer neuen Familienmitglieder entsprechen.

Das Vogelheim

Vogelheime, in denen sich die Tiere wohlfühlen, gibt es im Zoofachhandel zu kaufen. Kaufen Sie keinen extravaganten, modischen Käfig mit kleiner Grundfläche. Der größte Käfig ist gerade gut genug, denn Vögel brauchen viel Platz. Zwar teurer, aber am besten sind Käfige, in denen sie fliegen können.

✔ Der Käfig sollte mindestens 70 cm lang, 40 cm breit und 50 cm hoch sein. Bei einem solchen Käfig muß der Vogel aber mehrere

Diese Trinkschüssel verführt auch zum erfrischenden Bad.

Fürs Futter setzt der Wellensittich alle Spielzeugräder in Bewegung.

Stunden pro Tag frei fliegen dürfen. Kann er das nicht, verfettet er und wird wahrscheinlich nicht alt werden (→ Seite 25).

✔ Am besten eignen sich rechteckige Modelle mit großer Seitenlänge. Turmartige Käfige sind nicht passend, weil die Vögel darin nicht fliegen können.

✔ Die Gitterstäbe des Vogelheims sollten waagerecht angeordnet sein, um dem Sittich das Umherklettern zu ermöglichen.

✔ Gitterdrähte sollten verchromt oder vermessingt sein. Kunststoffbeschichtungen halten dem Wellensittichschnabel nicht lange stand.

✔ Die Türen sollten sich wie eine Falltür öffnen, das erleichtert den Vögeln die Rückkehr in den Käfig.

✔ Beachten Sie auch die Verarbeitungsqualität und die leichte Handhabung bei der Reinigung.

Kotschubladen empfehle ich nur dann, wenn sie locker in der Käfigschale sitzen, da sonst bereits einige in den Zwischenraum fallende Sandkörner zum Verklemmen führen können.

✔ Bodengitter sind unzweckmäßig, da der Kot auch an den Gitterstäben hängenbleibt. Außerdem hindert das Gitter die Wellensittiche daran, sich am Boden aufzuhalten.

Das Vogelheim einrichten

Vogelsand: Den Boden des Käfigs sollten Sie mit handelsüblichem Vogelsand ausstreuen. Sandpapier ist hierfür kein Ersatz, denn Wellensittiche lieben es, im Sand zu picken.

Sitzstangen: Die mit der Grundausstattung mitgelieferten Sitzstangen bestehen meist aus Kunststoff oder Hartholz. Ersetzen Sie diese durch selbst hergestellte Stangen aus dünnen Zweigen zum Beispiel vom Holunder oder von ungespritzten Obstbäumen:

✔ Wellensittiche knabbern leidenschaftlich gern an diesen Hölzern.

✔ Bei ungleichförmigen Zweigen sind sie gezwungen, die Greifhaltung ihrer Füße zu verändern. Das schützt ihre Fußunterseite vor Druckstellen mit nachfolgenden schmerzhaften Entzündungen.

✔ Die Muskulatur von Beinen und Füßen wird gestärkt.

✔ Die Krallen werden gewetzt. So vermeiden Sie das Krallenschneiden und ersparen dem Tier viel Aufregung und Streß.

Beachten Sie beim Anbringen der Sitzstangen, daß die unteren nicht von oben beschmutzt werden können und daß der ohnehin knappe Flugraum im Käfig nicht durch zu viele eingesetzte Stangen eingeschränkt wird.

Trinkgefäße: Als Trinkgefäße eignen sich Wasserspender, die von außen am Käfig angebracht werden. Sie verschmutzen nicht und sparen Platz im Käfig.

Futtergefäße: Bieten Sie Ihren Vögeln mehrere große, flache Futterschalen aus dem Zoofachhandel, verteilt in der Voliere oder im Käfig und dessen unmittelbarer Umgebung. Die flachen Schalen haben den Vorteil, daß die Vögel gut zwischen den einzelnen Körnersorten auswählen können, denn Wellensittiche haben nicht jeden Tag den gleichen Geschmack. Zudem werden die Körner nicht von leeren Samenhülsen verdeckt. Futterspender empfehle ich nicht, weil die Vögel mit ihnen ihr angeborenes Futtersuchverhalten nicht ausleben können (→ Tip, Seite 19). Wellensittiche lieben es, am Boden zu laufen und Futterkörner aufzupicken.

Zu zweit schaukelt sich's noch lustiger auf dem Getreidering.

Badehaus: Wellensittiche planschen gern im Wasser. Hängen Sie daher von Zeit zu Zeit ein Badehäuschen in die Käfigtür. Am besten kaufen Sie im Zoofachhandel ein überdachtes Badehaus, dessen Boden ein Profil besitzt. So verhindern Sie, daß der Vogel ausrutscht (→ Seite 52).

Spielzeug: Wellensittiche spielen mit Begeisterung. Mit sehr einfachen Mitteln können Sie Ihrer Vogelschar großes Vergnügen bereiten:

✔ Sehr beliebtes Spielzeug, das zudem nichts kostet, sind Zweige und Äste. Sie haben den Vorteil, daß sie nach Abnützung ersetzt werden und dann jedesmal eine neue Attraktion für den Vogel darstellen.

✔ Weil Wellensittiche sehr gern schaukeln, sollte der Käfig für jedes Tier eine Schaukel haben, damit es nicht ständig Streit gibt. Der Zoofachhandel bietet auch Leitern, Plastikringe und vieles mehr an.

✔ Keine Spiegel oder Vogelattrappen verwenden! Diese können bei männlichen, einzeln gehaltenen Wellensittichen zu schweren Verhaltensstörungen führen. Die Hähne sehen im Spiegelbild oder in der Attrappe eine Partnerin und umwerben sie, ohne die passende Antwort zu erhalten (→ Seite 39).

Der Vogelbaum

Ein Vogelbaum ist ein ideales Zubehör im Zimmer Ihrer Vögel. Zum einen bevorzugen Wellensittiche bekannte Plätze im Raum. Diese verleihen ihnen Sicherheit und Geborgenheit. Zum anderen wird Ihre Einrichtung geschont, weil sich der Sittich über die Zweige des Baumes hermacht. Und die Kotbällchen fallen auf den Sand statt auf den Zimmerboden.

Der Bau eines Vogelbaums ist einfach:

1. Besorgen Sie ein möglichst stabiles Gefäß mit etwa 1 m Durchmesser.

2. Füllen Sie es mit Blumenerde.

3. Stecken Sie senkrecht einige kräftige Äste in die Erde. Die Äste sollten aus dem Wald oder Garten geholt werden, nicht aber von Straßenrändern, an denen Bäume und Sträucher durch Abgase oft vergiftet sind. Achten Sie darauf, daß die Äste nicht mit Insektenschutzmitteln behandelt wurden.

4. Verbinden Sie die Äste mit Querästen. Zum Festbinden eignen sich Schnur oder Baststreifen, die Sie mit ungiftigem Klebstoff bestreichen.

5. Bedecken Sie die Erdoberfläche mit Vogelsand.

TIP

Ein Viertelstündchen Regen

Obwohl Wellensittiche von einem der trockensten Erdteile stammen, lieben sie den Regen. Oder gerade deshalb! Stellen Sie deswegen manchmal – nachdem Sie Futter und Kalkstein entfernt haben – den Käfig für etwa 15 Minuten in den Regen. Keine Angst, Ihre Piepmätze werden sich nicht erkälten, wenn sie hinterher in einen zugfreien Raum kommen. Sie werden beobachten, wie sich Ihre Tiere wohlfühlen und nach dem Bad mit Begeisterung das Gefieder putzen.

Die Voliere

Wenn Sie mehr als 4 Wellensittiche halten möchten, brauchen Sie eine Voliere. Zwar könnte man mehrere Tiere in einem Käfig halten, sie sind nach dem Freiflug aber kaum dorthin zurückzubekommen. Womöglich müßten Sie die Sittiche dann einfangen, was ihnen große Angst einflößt (→ Seite 26).

Sie sollten sich vorab über einige Punkte im klaren sein, wenn Sie sich für eine ganze Vogelschar entscheiden:

✔ Viele Vögel zu zähmen ist schwieriger als nur zwei Tiere, weil die Vögel den Kontakt untereinander suchen und nicht den Kontakt zum Menschen.

✔ Sie machen viel mehr Dreck und brauchen mehr Pflege.

✔ Eine Voliere erfordert viel Platz, denn die Vögel müssen in ihr fliegen können. Sie haben ja keinen Freiflug im Zimmer.

Deswegen sollte eine Voliere mindestens 2,50 m lang, 1,50 m hoch und 1 m breit sein. Mit et-

Auf dem Vogelbaum fühlt sich der Wellensittich geborgen.

was Glück finden Sie solche Volieren im Fachhandel, ansonsten muß man sie selbst bauen. Hier sind der Phantasie des Vogelhalters keine Grenzen gesetzt.

Zimmervoliere: Von einer reinen Zimmervoliere würde ich abraten, weil die Vögel in der Regel so nicht mit Regen und Sonne in Kontakt kommen. Zudem gibt es mit einer Zimmervoliere oft Belüftungsprobleme, denn Vögel brauchen aufgrund ihres hohen Stoffwechsels viel Sauerstoff.

Kombinierte Voliere: Optimal ist eine Voliere, die, je nach Zuschnitt der Wohnung, durch ein Fenster oder eine Tür in einen Innen- und Außenraum unterteilt werden kann.

Freivoliere: Planen Sie eine Freivoliere, dann bitte nur mit beheizbarem Schutzhaus. Wellensittiche überleben zwar Minustemperaturen, freiwillig wählen sie aber nur kurzfristig kalte Räume. Bei andauernder Kälte werden die Tiere inaktiv.

Beim Einrichten der Voliere ist ansonsten all das zu beachten, was Sie beim Käfigeinrichten auch beachten sollten (→ Seite 17).

Der richtige Standort für das Vogelheim

Suchen Sie einen Standplatz für das Vogelheim aus, an dem sich die Tiere wohlfühlen und sich bei Bedarf zurückziehen können:

✔ Immer außer Reichweite anderer Heimtiere.
✔ Vollkommen geschützt gegen Zugluft.

✔ Mindestens in Augenhöhe. Wellensittiche bevorzugen hochliegende Ruhe- und Schlafplätze als Schutz vor Feinden. In Bodennähe fürchten sie sich.
✔ Erschütterungsfrei. Kühlschrank, Wasch- oder Geschirrspülmaschine scheiden also aus.
✔ Ein Blick durchs Fenster in die Natur ist für den Vogel interessant, ein Standort in Fensternähe deswegen beliebt. Die Fensterbank ist aber ungeeignet, denn im Winter strahlen die Fensterscheiben zuviel Kälte ab und im Sommer zuviel Hitze.

Standorte wechseln

Ich empfehle nach der Eingewöhnung (→ Seite 22) wechselnde Standorte im Zimmer, so daß der Vogel das Zimmer von verschiedener Warte sehen kann. Gelegentlicher Wechsel wirkt nicht auf-, sondern anregend.
Auch in der Natur sind Tiere den vielfältigsten Umweltreizen ausgesetzt. Wie anders ist die Welt bei Tieren in der Wohnung! Doch auch Ihr Sittich braucht Abwechslung. Langeweile ist Gift für seine Psyche, Abwechslung aber hält ihn fit (→ Seite 51).

Transport nach Hause

Zoofachhändler setzen Ihren Sittich für den Transport nach Hause in eine mit Luftschlitzen versehene Pappschachtel. Darin ist der junge Vogel von angsterzeugenden Reizen abgeschirmt. Legen Sie die Pappschachtel auf keinen Fall in eine luftdichte Tasche oder Plastiktüte, sonst kann der Vogel ersticken. Ein Korb oder eine luftige Stofftasche eignen sich besser. Zu Hause angekommen, halten Sie die Transportschachtel an das offene Käfigtürchen, damit der Wellensittich problemlos in den Käfig klettern kann. Achten Sie bei dieser Prozedur darauf, daß der Vogel nicht entwischen kann. Zögert er, so halten Sie die Schachtel allmählich immer schräger, bis der Vogel ins Rutschen kommt und im Käfig landet. Schließen Sie dann das Türchen vorsichtig.
Private Züchter haben meist keine passende Schachtel. Transportieren Sie den Vogel dann im Käfig. Entfernen Sie alles Zubehör bis auf eine Sitzstange. Schirmen Sie den Käfig mit einer Decke ab. Dann fühlt sich der Wellensittich sicher. Zu Hause nehmen Sie einfach die Decke ab und richten das Vogelheim ruhig und mit Einfühlungsvermögen ein (→ Seite 17).
Die Reise ins neue Zuhause erleichtern Sie Ihrem Vögelchen folgendermaßen:
✔ Gehen Sie beim Transport besonders vorsichtig mit Ihrem neuen Familienmitglied um. Schwenken Sie ihn nicht hin- und her, meiden Sie Lärm.
✔ Gehen Sie nach dem Kauf sofort nach Hause und verschieben Sie andere Besorgungen. Der Vogel wird es Ihnen danken!
✔ Geben Sie Ihrem Wellensittich gleich nach der Ankunft zu Hause eine Kolbenhirse zum Naschen. Die Leckerei hat den Sinn, die »neue Heimat« mit etwas Positivem zu verbinden. So helfen Sie dem Vögelchen auch, die Trennung von seinen Artgenossen leichter zu verkraften.

So große Federn brauchen mehrere Wochen, bis sie nachwachsen.

PRAXIS EINGEWÖHNUNG

Die ersten Stunden im Käfig
Die meisten Wellensittiche brauchen eine »Anwärmphase«. Gehen Sie anfangs nicht zu nahe auf das Tier zu, sonst bekommt es Angst. Sprechen Sie 15-30 Minuten ruhig mit ihm und äußern Sie einige Schnalzlaute. Lassen Sie dann den Vogel allein, damit er in Ruhe seinen Käfig erkunden kann. Es vergehen meist ein paar Stunden, bis die Vögel fressen und trinken. Doch nach der ersten Mahlzeit ist das Eis gebrochen. Wenn Sie beobachten, daß sich die Angst des Tieres legt, geben Sie ihm ein Stück Hirse. Vertrauen geht durch den Magen.

Die ersten Tage und Wochen
Vermeiden Sie alles, was Ihrem Vogel Angst machen kann:
✔ Lautes Türenknallen.
✔ Schrille Töne.
✔ Hastige Bewegungen.
✔ Kurzes Ein- und Ausschalten von grellem Licht.
✔ Erscheinen mit einer fremden Kopfbedeckung.

Nennen Sie beim Betreten des Raums immer seinen Namen und sprechen Sie sanft mit dem Vogel. Vermitteln Sie ihm Sicherheit, indem Sie ihm zu bestimmten Tageszeiten frisches Wasser und Futter geben (→ Seite 30). Gehen Sie dabei behutsam vor, so daß er nicht erschrickt. Erst nach ein paar Wochen sollten Sie dem Tier Abwechslung bieten (→ Seite 21).

Handzahm machen ohne Gewalt
Um Ihren Wellensittich handzahm zu machen, gehen Sie mit Einfühlungsvermögen vor:

Beruhigend sprechen und Kolbenhirse anbieten.

Vorsichtig das Füßchen berühren und weitersprechen.

Die erste zaghafte Annäherung des Vogels.

Was Sie in den ersten Wochen an Zeit, Geduld und Einfühlungsvermögen geben, bekommen Sie vielfach zurück: durch einen zutraulichen, neugierigen Wellensittich. Versuchen Sie nicht, Ihren Vogel mit einer langen Umklammerung zu zähmen. Das kann unter Umständen zum Tod des Sittichs führen. Durch das Festhalten erleidet Ihr Wellensittich zu Hause nämlich so großen Streß, daß sein Herzchen versagen kann.

1. Phase: Stellen Sie sich in Gesichtshöhe nahe vor den Käfig und sprechen Sie langsam und ruhig mit dem Tier. Weicht es zurück, dann gehen auch Sie zurück – ohne das Sprechen zu vergessen – und nähern sich wieder behutsam.

Zahme Vögel zusammenführen

1. Käfige dicht aneinanderstellen.
2. Sobald die Vögel durch das Gitter schnäbeln und trillern, Käfigtüren öffnen und Vögel fliegen lassen (→ Seite 25). Die Vögel beobachten.
3. Die Sittiche verstehen sich meist auf Anhieb. Nach dem Flug sind sie müde und gehen friedlich und gelassen aufeinander zu.
Bei ängstlichen Tieren gehen Sie genauso vor, nur warten Sie einen Tag, bevor Sie den Käfig öffnen.

Wiederholen Sie diese Annäherung an mehreren Tagen, bis der Vogel ruhig im Käfig sitzen bleibt.
2. Phase: Öffnen Sie vorsichtig die Käfigtür. Strecken Sie die flache Hand mit einem Stück Hirse darauf in den Käfig. Machen Sie keine weiteren Bewegungen. Vergessen Sie das Sprechen nicht! Bald beäugt der Vogel Ihre Hand, aber es fehlt ihm noch der Mut, sich zu nähern.

Die Sittiche lernen sich durch das Gitter kennen.

Versuchen Sie es nach ein paar Stunden wieder.
3. Phase: Nähern Sie sich mit geöffneter Hand und berühren Sie vorsichtig mit der Handkante seine Füßchen. Bleibt der Vogel sitzen, haben Sie gewonnen. Wenn nicht, stoppen Sie Ihre Bewegung und beginnen von neuem. Nach kurzer Zeit wird der Vogel auf Ihre Hand hüpfen und die leckere Hirse fressen. Vermeiden Sie in dieser Phase jede ruckartige Bewegung. Wiederholen Sie diesen Vorgang, bis der Sittich ohne Zögern auf die Hand hüpft.
4. Phase: Von nun an überlassen Sie dem Vogel die Initiative. Er wird am Arm entlang klettern, an den Haaren zupfen und sanft an der Haut knabbern. Er hat sich an Sie gewöhnt.
Nun ist es Zeit, den Vogel im Zimmer fliegen zu lassen (→ Seite 25) und sich nach einem zweiten Sittich umzusehen (→ Seite 7). Auch ein zweiter Wellensittich läßt sich gut zähmen. Manche ahmen sogar einen handzahmen Artgenossen nach. Am sichersten werden Ihre Sittiche zahm, wenn Sie beide in getrennten Räumen zähmen und erst anschließend zusammenbringen.

Auf der Schulter sitzen und zart im Haar knuspern macht Spaß.

DER RICHTIGE UMGANG IM ALLTAG

Wellensittiche sind reizende Tiere und faszinierende Flugkünstler. Wenn Sie ihnen die täglichen Flugrunden im Zimmer gönnen, fördern Sie die Gesundheit der Vögel ebenso wie mit einer ausgewogenen Ernährung und einer liebevollen Pflege.

Ein Muß: der Freiflug

Bewegung erhält die Gesundheit Ihrer Sittiche. Sie stärkt die Muskulatur und hält Herz- und Kreislaufsystem fit. Es wäre also widersinnig und Tierquälerei, Ihren Vogel am Fliegen zu hindern.

Wie alle Vögel sind auch Sittiche ideal an die Bewegung in der Luft angepaßt: Sie sind »Leichtgewichte«, denn wenig Gewicht erleichtert das Fliegen. Um Gewicht zu sparen, sind sogar ihre Knochen innen hohl. Aber auch das Erkennungsmerkmal jeden Vogels, die Federn, sind ideal für das Fliegen. Sie sind extrem leicht und können dennoch einen großen Luftwiderstand aushalten.

Sittiche als Leistungssportler

Wellensittiche sind sehr wendige und geschickte Flieger. Ähnlich wie Schwalben können sie auch im Schwarm blitzschnell die Richtung wechseln, wenn sie ihre Runden drehen. Wilde Wellensittiche erreichen auf der Suche nach Futter und Wasser im Flug bis zu 120 Stundenkilometer. Manchmal müssen sie Hunderte von Kilometern zurücklegen, um an Nahrung zu kommen.

Ihre Vögel zu Hause müssen natürlich nicht ums Überleben fliegen. Doch auch sie sind gute und begeisterte Flieger. Bieten Sie ihnen deshalb täglich mehrere Stunden Gelegenheit zum Flug.

Vogelsicheres Zimmer

Ihre etwa 40 Gramm leichten Wellensittiche sind wehrlose, verletzliche Geschöpfe. Es lauern Gefahren auf sie, obwohl sie wohlbehütet in einer Wohnung leben. Das hört sich übertrieben an, aber aus Erzählungen weiß ich, daß sich wegen einer Unachtsamkeit ihrer Halter schon viele Tiere verletzten oder sogar starben. Treffen Sie im Vogelzimmer die wichtigsten Vorkehrungen, die ein Unglück vermeiden helfen (→ Seite 27).

So gefährdet die kleinen Wellensittiche sind, können sie doch auch selbst für Unordnung sorgen. Bevor Sie Ihre Vögel im Zimmer fliegen lassen, sollten Sie daher ein paar Vorsichtsmaßnahmen beachten:

✔ Wellensittiche beknabbern neugierig alles, was raschelt, glitzert oder sonst ihre Neugierde

Ein beliebter Vogelplatz ist der Kräuterkorb. Hier kann man naschen und spielen.

weckt. Lassen Sie keine wertvollen Gegenstände unbeaufsichtigt liegen.

✔ Ihre Pflanzen sind vor den Schnäbeln Ihrer kleinen Papageien nicht sicher. Alles Grüne wird benagt und gekostet. Entfernen Sie daher giftige, aber auch wertvolle Pflanzen. Mit einem attraktiven Vogelbaum können Sie die leidenschaftlichen Knabberer übrigens zumindest die meiste Zeit von anderen Pflanzen ablenken (→ Seite 19).

Der erste Flug im Zimmer

Sobald Ihr Wellensittich im Käfig handzahm ist, sollten Sie ihm die Möglichkeit bieten, im wahrsten Sinne des Wortes einen Ausflug zu machen (→ Seite 23).

Herauslocken: Erstaunlicherweise verlassen nicht alle Wellensittiche sofort ihr Vogelheim, um den Freiflug zu genießen. Man muß sie regelrecht aus dem Käfig locken.

Legen Sie ein Stück Kolbenhirse auf die geöffnete Käfigtür. Das hilft auch scheuen Wellensittichen, die erste Angst vor dem Verlassen des Vogelheims zu überwinden.

Stören Sie den Vogel dabei auf keinen Fall. Sonst kehrt er in seinen Käfig zurück und hat noch mehr Angst als zuvor. Es wird nicht lange dauern, bis er den ersten, noch ungeschickten, Flugversuch seines Lebens startet.

Haben Sie zwei Vögel, so geben sie sich gegenseitig Mut, den Käfig zu verlassen.

Die erste Landung: Wahrscheinlich landet Ihr Flugschüler auf einer Vorhangstange oder einem Schrank und ruht sich dort heftig atmend aus. Trippelt er dann auf seinem Landeplatz neugierig hin und her, fängt er an, sich zu putzen, ist die größte Furcht überwunden.

Rückkehr in den Käfig: Lassen Sie Ihren Wellensittich ruhig auf seinem Landeplatz sitzen, bis er freiwillig zum Käfig zurückkehrt. Vielleicht landet er sogar nach dem ersten Flugmanöver wieder auf dem Käfig.

Sie können die Rückkehr aber auch beschleunigen: Bieten Sie Ihrem Piepmatz die vertraute Hand mit etwas Futter. Der Vogel wird in gewohnter Weise daraufhüpfen. Halten Sie dann vorsichtig die Hand vor die geöffnete Käfigtür und warten Sie, bis der Vogel in das vertraute Gehäuse umsteigt. Keine Sorge, das dauert meist nicht sehr lange.

Fangen Sie Ihren Sittich auf keinen Fall von oben mit der Hand! Er würde zu sehr erschrecken und Sie als Feind ansehen. Er würde sein ganzes Vertrauen zu Ihnen verlieren und nie wieder richtig zahm werden.

Auf dem Vogelbaum kann der Wellensittich gefahrlos landen.

Vogelgefahren – Vogelschutz

Gefahr	Was Ihrem Wellensittich passieren kann ...	... und wie Sie ihn davor schützen
Lebensgefahr	Bei offenstehenden Türen und Fenstern kann es passieren, daß Ihre Vögel wegfliegen. In der Natur können sie sich kaum orientieren und sterben daher meist (→ Seite 36).	Fenster mit Fliegengitter absichern. Bei gekipptem Fenster häufig kontrollieren, ob sich kein Vogel zwischen Gitter und Scheibe verfangen hat.
Prellungen	Fliegt der Vogel mit großer Geschwindigkeit gegen eine Scheibe, kann er sich schwere Prellungen zuziehen.	Glasscheiben mit Gardinen versehen oder mit Punkten markieren, bis der Vogel an sie gewöhnt ist.
Verletzungen	An spitzen oder scharfen Gegenständen wie Nadeln, Nägeln oder Scherben können sich Wellensittiche gefährlich verletzen.	Spitze oder scharfe Gegenstände nicht im Vogelzimmer herumliegen lassen.
Verbrennen	Ihr Vogel erkennt nicht die Gefahr von heißen Herdplatten und Kerzenlicht und verbrennt sich womöglich das Gefieder.	Herdplatten ausschalten und abdekken, wenn der Vogel Sie in der Küche besucht. Ihr Candle-Light-Dinner sollte ohne Wellensittiche stattfinden.
Stromschlag	Wellensittiche können beim Beknabbern von Elektrokabeln einen tödlichen Stromschlag bekommen.	Kabel hinter Leisten oder unter dem Teppich verbergen. Dem Sittich genug Äste zum Beknabbern geben.
Ertrinken	Im Eifer hüpfen Wellensittiche in ein hohes Gefäß mit Wasser, etwa einen Putzeimer, aus dem sie sich nicht mehr befreien können.	Kein hohes Gefäß mit Wasser im Raum der Wellensittiche lassen.
Herzversagen	Sittiche klettern gern in dunkle Spalten, hinter Bücher ins Regal oder hinter Türen. Ist die Spalte so eng, daß der Vogel nicht mehr herauskommt, kann er vor Angst sterben.	Alle Schlitze und Spalten im Vogelzimmer abdichten oder ausreichend weiten.
Einklemmen	Sittiche sitzen oft auf der Tür oder sie krabbeln in offene Schubladen. Beim Schließen von Türen und Schubladen können sie aus Versehen eingequetscht werden.	Achten Sie darauf, daß kein Vogel auf der Tür oder in der Schublade sitzt, die Sie schließen wollen.

Wellensittiche und Kinder

Die Grünlilie wird zur Abenteuer-Tummelwiese.

Ich bin immer wieder erstaunt, mit welcher Geduld sich Kinder Wellensittichen widmen. Es vergeht kaum ein Tag, an dem nicht Kinder zu Besuch kommen, um meine schnatternde Schar zu beobachten. Aufmerksam verfolgen sie mit ihren Blicken das Geschehen in der Voliere meiner Vögel. Sie bemerken die kleinsten Details und nach wenigen Minuten haben sie herausgefunden, wer zu wem gehört. Ein Kind verblüffte mich besonders, als es bemerkte, daß immer Vögel mit brauner und blauer Nasenhaut zusammensaßen (→ Seite 15). Kinder lassen sich voll und ganz auf die Tiere ein.

Die soziale Intelligenz fördern

Natürlich besteht bei vielen Kindern der Wunsch, einen so reizenden Sittich zu besitzen, besonders dann, wenn sie sehen, daß Wellensittiche sogar auf die Schulter fliegen können und dort ihr Liedchen trällern.
Zahlreiche wissenschaftliche Untersuchungen belegen, wie positiv sich der Umgang mit Tieren auf die Psyche der Kinder auswirkt. Sie lernen dabei auf spielerische Art, Verantwortung für ein Mitgeschöpf zu übernehmen und sich in ein anderes Lebewesen hineinzudenken. Dieses Ein-

fühlen und Eindenken in einen anderen – ob Tier, ob Mensch – fördert die soziale Intelligenz.

Sind Wellensittiche für jedes Kind geeignet?

Alles spricht dafür, Kindern die Möglichkeit zu bieten, mit Heimtieren aufzuwachsen. Die Frage ist nur, welche Tiere für sie geeignet sind.

✔ Für Kinder unter 8 Jahren ist der Haut- und Körperkontakt enorm wichtig. Vögel lassen sich in aller Regel aber nicht streicheln, sind also als Kuscheltiere nicht geeignet. Zudem erschrickt auch der zahmste Vogel bei ruckartigen Bewegungen, die Kleinkinder noch nicht so gut kontrollieren können.

✔ Für Kinder ab 8 Jahren ist der Wellensittich ein ideales Heimtier. In diesem Alter werden bei den Kindern neue Fähigkeiten wach. Sie entwickeln Freude am Beobachten und stellen viele Fragen. Das Tier wird schon bewußter erfahren. Und das Kind kann sich nun auf die Bedürfnisse des Tieres einstellen.

Wie Kind und Tier Freunde werden

Kind und Wellensittiche müssen den richtigen Umgang miteinander lernen. Nach kurzer Gewöhnungszeit entwickelt sich dann eine richtige Freundschaft. Geben Sie ihnen dabei Hilfestellungen:

✔ Zähmen Sie zuerst die Vögel (→ Seite 22). Lassen Sie das Kind dabei zuschauen. Dann geben Sie dem Kind Futter in die geöffnete Hand und führen es ganz behutsam zum Vogel. Erklären Sie dem Kind, wie wichtig es ist, alle ruckartigen Bewegungen zu vermeiden.

✔ Wenn Kinder grob zu Tieren sind, geschieht das in der Regel nicht aus Bösartigkeit, sondern aus Unwissenheit. Lehren Sie Ihr Kind: Das Tier fühlt wie du den Schmerz.

✔ Wenn das Kind den Wellensittich selbst versorgen möchte, sollten Sie ihm klar machen, welche Verantwortung es damit für das Tier übernimmt: Hygiene ist zum Beispiel sehr wichtig. Das Kind muß lernen, daß man in einen Vogel Zeit und Arbeit investieren muß. Das Füttern und die Pflege der Tiere kann sich nicht nach den Bedürfnissen des Kindes, sondern muß sich nach denen der Tiere richten (→ Seite 30).

Wellensittiche und andere Heimtiere

Wellensittiche vertragen sich sehr gut mit anderen Heimtieren (→ Foto, Seite 3) – außer mit ihren natürlichen Feinden, den Katzen. Einer Katze das Vogelfangen abzugewöhnen ist schwierig, da es zu ihrem angeborenen Instinktverhalten gehört. Vögel sind Beutetiere für die Katze. Das Zusammenführen dieser Tiere bedeutet in der Regel für beide Streß.

Zwei, die sich zum Fressen gern haben.

Die richtige Ernährung

In der Natur ist das Futterangebot reichhaltig genug, um Mangelerscheinungen vorzubeugen. Immerhin stehen auf dem Speisezettel wilder Wellensittiche 21 Pflanzenarten, vor allem Gräser. Anders zu Hause gehaltene Sittiche: Sie sind gegen Mangelerscheinungen nur dann gefeit, wenn Sie ihnen von klein auf ein reichhaltiges Menü servieren.

Früh übt sich

»Was Hänschen nicht lernt, lernt Hans nimmermehr.« Wie wilde Vögel, so lernen auch Heimvögel in ihrer Jugend, welche Pflanzen genießbar sind und welche nicht. Als erwachsene Tiere sind sie kaum noch für neue Speisen zu begeistern. So klagen viele Vogelhalter darüber, daß ihre Wellensittiche nur eine ganz bestimmte Körnermischung fressen. Und selbst das beste Obst und Gemüse verschmähen sie, obwohl es so gut für ihre Gesundheit wäre. Füttern Sie also schon die Jungvögel so abwechslungsreich wie möglich. So können sich Ihre Wellensittiche an unterschiedliches Futter gewöhnen.

Körner als Hauptgang

Die Grundnahrung eines jeden Wellensittichs bildet eine Körnermischung, wie sie im Zoofachhandel erhältlich ist. Mit diesen ausgewogenen Zusammenstellungen verschiedener Körnersorten, angereichert mit Jodkörnern, habe ich seit über 20 Jahren gute Erfahrungen gemacht. Achten Sie beim Kauf auf das Verfallsdatum. Zu alte Körner verlieren die Vitamine. Verdorbene Samen können den Vogel krank machen.

Wichtige Nahrungsergänzungen

Grünfutter: Zu einer ausgewogenen Ernährung gehört das tägliche Grünfutter. Die Auswahl ist groß: Die Palette reicht von Gartenkräutern über Salate bis zu frischem Obst (→ Ernährungsplan, Seite 33).

Vitamine: Für wichtig halte ich auch die Gabe eines Multivitaminpräparates, das Sie im Zoofachhandel bekommen. Denn im Grünfutter werden die Vitamine bereits gleich nach der Ernte nach und nach abgebaut. Daher können Sie nicht sicher sein, ob der Vogel genügend Vitamine erhält.

Aus der Futterschale am Vogelbaum schmeckt's nochmal so gut.

Kalk: Manchmal haben Vögel einen richtigen Heißhunger auf einen Kalkstein. Er enthält alle Stoffe zum Aufbau des Knochengerüstes und zur Bildung der Federn. Die Vögel suchen auch im Vogelsand nach Kalksteinchen, die ihnen die Verdauung erleichtern. Die Kalksteinchen zerreiben die Samenkörner im Magen und im Kropf.
Grit: Aus Quarz und anderen Mineralien bestehend, hilft Grit im Kropf und Magen, die Samenhülsen zu zermahlen. Grit erhält man in Zoofachgeschäften.
Leckerbissen: Der Handel bietet sogenannte Leckerbissen an. Sie bestehen aus Holzstangen, auf denen in klebriger Honig- oder Zuckerlösung Körner haften. Viele Sittiche fressen diese Leckerbissen gern. Ab und zu können Sie Ihrem Wellensittich den Genuß einer solchen Nascherei gönnen – aber bitte nicht zuviel, da Honig und Zucker zuviele Kalorien enthalten und der Vogel dadurch zu dick wird.

Trinkwasser

Meine Vögel bekommen täglich frisches Leitungswasser in Trinkspendern und in einer Schüssel aus dem Zoofachhandel.
Der Handel bietet auch einen sogenannten Vogeltrank an. Wer aber einmal gesehen hat, aus welchen Wasserpfützen wilde Wellensittiche trinken, weiß, daß dieses »Mineralwasser« für Sittiche nicht unbedingt lebensnotwendig ist.
Wieviel Wellensittiche trinken, richtet sich nach der Umgebungstemperatur. Ist es kühler, trinken sie unregelmäßig, und es gibt Tage, an denen sie überhaupt nicht trinken.
Auch wenn Ihr Vogel kein großer Trinker ist, geben Sie ihm dennoch täglich frisches Wasser. Es wird ihm munden!

TIP

Futtersuche mit Spaß

Fördern Sie die Neugierde der Vögel und ihren Spaß am Erkunden. Tiere in menschlicher Obhut müssen beschäftigt werden, das Futtersuchverhalten der Wellensittiche bietet sich dafür an. Erschweren Sie ihnen ab und zu die Suche nach dem leckerem Zusatzfutter ein wenig. Damit wirken Sie der Langeweile entgegen. Ihre Vögel werden mit viel Spaß dabei sein.

1. Geben Sie alle paar Tage weniger Futter in die Futterschale und verteilen Sie stattdessen zusätzlich eine oder zwei flache Futterschalen im Zimmer.

2. Stellen Sie die gefüllten Futterschalen zunächst in Sichtkontakt zu den Vögeln und lassen Sie die Vögel fliegen (→ Seite 25). Bald wird der erste Vogel das Futter entdeckt haben.

3. Nach drei oder vier Versuchen hat jeder Vogel gelernt, daß er nach Futter Ausschau halten muß. Jetzt können Sie die Futterschalen verstecken.

4. Sie werden beobachten, mit welchem Spaß der Vogel sich auf die Suche nach den Futterschalen macht. Vergewissern Sie sich aber unbedingt, daß auch jeder Vogel das Futter findet. Es soll ja schließlich keiner Hunger leiden.

Das Versteckspiel ist eine unterhaltsame Ergänzung zum täglichen liebevollen Umgang mit Ihren Piepmätzen.

PRAXIS ERNÄHRUNG

Die Hauptnahrung der Wellensittiche ist eine »körnige« Angelegenheit. Frischkost in Form von Obst und Gemüse bereichert ihren Speiseplan, fördert die Gesundheit der Tiere – und kann eine Menge Spaß machen: Für Ihren Wellensittich ist ein Bad im Salat das größte Vergnügen.

Das täglich Brot ...
Körnernahrung sollte immer ausreichend im Futternapf vorhanden sein, um die Tiere vor dem Verhungern zu bewahren. Das klingt dramatisch. Doch mancher Wellensittich ist schon verhungert, weil der Vogelhalter die leeren Körnerhülsen mit Futter verwechselte. Denn Sittiche knacken die Körner, fressen nur das Innere und lassen die Hülsen fallen.
Im Gegensatz zu vielen Säugern und Reptilien können Sittiche nicht fasten. Sie verdauen und bauen die Nahrung so schnell ab, daß sie kaum länger als 24 Stunden ohne Futter sein können. Füllen Sie deshalb täglich die Futternäpfe frisch auf.

Richtig servieren
Obst und Gemüse: In Schnitze zerteilen, damit der Wellensittich sich besser Stückchen herauspicken kann.
Grünfutter: Mehrmals mit lauwarmem Wasser abspülen, dem Vogel unverwelkt und keinesfalls angefault anbieten.
✔ Grünfutter eher morgens geben, damit Sie am Abend

Wenn Sie ihm das richtige Angebot machen, frißt Ihnen der Wellensittich aus der Hand.

Frisches Trinkwasser kühlt besonders an warmen Tagen.

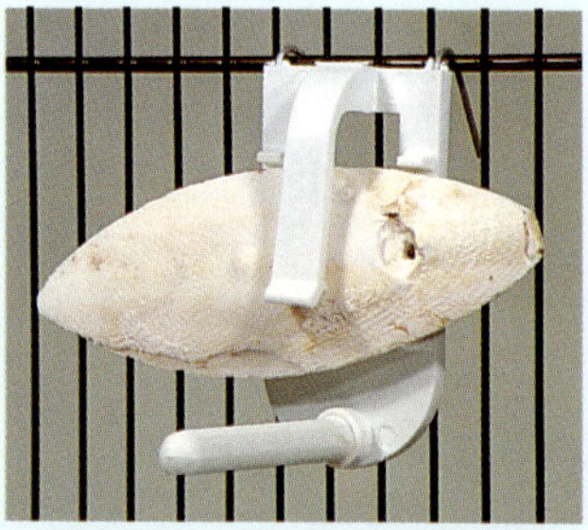

Sepiaschalen sind zwar beliebt, aber kein Ersatz für Kalksteine.

Auf die Mischung kommt es an.

Ernährungsplan

Geben Sie dem Wellensittich täglich	
Frisches Körnerfutter	
Frisches Wasser	
Grünfutter nach Jahreszeit:	Wegerich, Vogelmiere, Löwenzahn, Hirtentäschel, Petersilie, Kopfsalat, Endiviensalat, Spinat
Zweige mit Blattknospen:	Weide, Linde, Pappel, Birke, Holunder, Nadelhölzer
Gemüse nach Jahreszeit.	Broccoli, Grünkohl, Karotten, süße Kartoffeln, Kürbis, Tomaten
Obst nach Jahreszeit:	Äpfel, Birnen, Aprikosen, Bananen, Grapefruits, Weintrauben, Orangen
Als Anreiz bei Spielen:	Hirsekolben in kleinen Mengen
Höchstens alle 2 oder 3 Tage gibt's was zum Naschen	
Leckerbissen mit möglichst wenig Zucker oder Honig	

das verrottete Obst und Gemüse aus dem Käfig nehmen können und der Vogel davon nichts mehr frißt. Zu leicht kann Ihr Vögelchen Durchfall wegen verdorbener Nahrung bekommen (→ Seite 55).

✔ Spritzmittel und giftige Auspuffabgase lassen sich auch durch gründliches Waschen nicht entfernen und könnten den empfindlichen Vogel vergiften. Deshalb nur biologisches Grünfutter verwenden, beziehungsweise nur weit entfernt von Autostraßen pflücken.

Wurzeln: Füttern Sie ab und zu Pflanzen wie Hirtentäschel und Löwenzahn mitsamt den Wurzeln. Manchmal haben Wellensittiche einen richtigen Heißhunger auf die daran hängende Erde. Sie fördert die Verdauung und liefert nötige Mineralien.

Für Sittiche schädlich

Pflanzen und deren Früchte: Avocado, Dieffenbachia, Efeu, Eibe, Fingerhut, Gartenwolfsmilch, Lobelie, Lorbeerbaum, Misteln, Rittersporn, Sonnenwend-Wolfsmilch, Stechpalme, Weihnachtsstern.

So knackiger Salat sollte auf dem täglichen Speiseplan nicht fehlen.

Pflegeplan

Wie oft ...	... muß was gemacht werden?
Jeden Morgen	Futternäpfe und Wasserspender vor dem Auffüllen heiß auswaschen und abtrocknen.
Jeden Abend	Nahrungsreste, übriggebliebenes Grünfutter entfernen. Kotbällchen mit einem Löffel entfernen. Sitzstangen bei Verschmutzung mit Drahtbürste abbürsten. Ein wenig frischen Sand einstreuen.
Während der Mauser mehrmals pro Woche	Ausgegangene Federn entfernen.
Mindestens einmal wöchentlich	Käfig, Sitzstangen und Spielzeug gründlich reinigen. Vogelsand austauschen.
Wöchentlich	Vogelbaum reinigen. Vogelsand im Bottich des Vogelbaums von Kotbällchen und anderem Schmutz säubern.
Monatlich oder bei Bedarf	Äste im Käfig und am Vogelbaum austauschen. Sand im Bottich des Vogelbaums auswechseln.

Die richtige Pflege

Neben der Ernährung ist die Hygiene ein wichtiger Aspekt bei der Betreuung von Wellensittichen. Um die Sauberkeit der Vögel müssen Sie sich dabei nicht kümmern – das erledigen Wellensittiche selbst mit größter Gründlichkeit. Und oft putzen sie sich sogar gegenseitig (→ Seite 48).
Für den hygienischen Zustand des Käfigs, des Vogelbaums und allen Zubehörs sind jedoch Sie zuständig. Die Sauberkeit seiner Umgebung ist für die Gesundheit Ihres Vogels unerläßlich (→ Seite 55).

Wichtig: Zum Reinigen reichen heißes Wasser und eine Bürste. Vermeiden Sie Spül- oder Putzmittel. Sie sind für den Wellensittich schädlich, unter Umständen sogar tödlich. Der Einsatz von Desinfektionsmitteln gegen Bakterien und Pilze sollte unbedingt nur nach Rücksprache mit dem Tierarzt erfolgen.

Im Wasser plantschen dient weniger der Sauberkeit als dem puren Vergnügen.

Das Vogelheim reinigen

Das Vogelheim sollte nur wenige leere Samenhülsen, wenig Kot, wenige Federn und übriggebliebenes Obst und Grünzeug enthalten. Eine zu große Verunreinigung ist ein idealer Nährboden für Krankheiten und Parasiten (→ Seite 58). Zumindest einmal in der Woche soll deshalb der Käfig gründlich gereinigt werden. Währenddessen schließen Sie Türen und Fenster und lassen die Vögel am besten frei fliegen, so werden Sie am wenigsten gestört (→ Seite 25).

<u>So gehen Sie vor</u> bei einer gründlichen Reinigung:

1. Nehmen Sie die Sitzstangen, Futter- und Trinkgefäße sowie das Spielzeug aus dem Käfig.
2. Reinigen Sie sie mit einer Bürste und spülen Sie alles mit heißem Wasser ab. So läßt sich am besten der getrocknete Kot entfernen, in dem sich Krankheitserreger befinden können.
3. Nehmen Sie die Sandschublade aus dem Käfig. Entfernen Sie den gebrauchten Sand.
4. Waschen und bürsten Sie auch die Gitter ab.
5. Spülen Sie die Sandschublade gründlich aus.
6. Trocknen Sie die Einzelteile und setzen Sie sie wieder zusammen. Ersetzen Sie bei Bedarf zernagte Sitzstangen durch neue (→ Seite 18).
7. Füllen Sie die Sandschublade mit neuem Sand. Frischer Vogelsand ist wichtig für die kleinen Papageien, denn dort finden sie einen Teil der für ihre Gesundheit wichtigen Mineralien. Sie werden sehen, daß schon beim Einstreuen manche Vögel auf den Boden fliegen, im frischen Sand trippeln und Kalkkörner aufnehmen. Sie werden sich auch von Ihrem Hantieren nicht stören lassen, so wichtig ist ihnen der frische »Bodenbelag«.

Auf die gleiche Weise reinigen Sie andere beliebte Aufenthaltsplätze Ihrer Wellensittiche wie den Vogelbaum oder die »Turnecke« (→ Seite 53).

Checkliste
Sauberes Vogelheim

1 **Sind die Futter- und Trinkgefäße sauber? Besonders Kotreste im Futter können die Ursache für viele Krankheiten sein.**

2 **Wurde verwelktes Grünfutter aus dem Käfig und aus den Gefäßen entfernt?**

3 **Käfigboden und Sitzstangen von Kotresten gereinigt?**

4 **Verspritztes oder ausgelaufenes Wasser aufgetrocknet und nasse Körner ausgetauscht? Feuchtigkeit fördert die Bildung von Schimmel oder anderen Pilzen, die dem Vogel schaden können.**

5 **Ist auch der Vogelsand am Vogelbaum in einem hygienischen Zustand?**

6 **Sind Spielzeug, Seile, Pappdeckel und Schälchen trocken und sauber?**

7 **Sind die Sitzstangen im Käfig und am Vogelbaum auch nicht zu stark benagt? Wenn doch, sollten sie ausgewechselt werden. Die neuen Zweige sind dann eine neue Attraktion.**

Gute Partnerschaft kann einem Ausreißer das Leben retten.

Wenn der Vogel wegfliegt

Oft genügen nur wenige Minuten der Unachtsamkeit, daß ein Vogel wegfliegt und Sie ihm nur noch traurig nachschauen können.

Beachten Sie zur Sicherheit des Vogels:

✔ Sichern Sie Fenster mit Gittern ab und halten Sie Türen geschlossen, wenn der Vogel das Käfigtürchen selbst öffnen kann, wenn Gitterstäbe am Käfig verbogen sind oder wenn Sie den Sandschuber bei der Käfigreinigung entfernen. Mit erstaunlichem akrobatischem Geschick krabbeln die Vögel durch den kleinsten Spalt ins Freie.

✔ Vergewissern Sie sich, daß Sie den Vogel nie auf der Schulter mit nach draußen nehmen.

Fliegt der Vogel schreckhaft davon, dann stehen die Chancen, ihn wiederzubekommen, nicht allzu gut. Solche Tiere trauen sich aus Angst nicht, auf einem Dach oder Baum zu landen, sondern fliegen ohne Orientierung bis zur Erschöpfung weiter. Sie finden nicht zurück.

Mit Glück bekommen Sie Ihren Vogel durch eine Annonce in der örtlichen Tageszeitung wieder. Unter der Rubrik »Gefunden und Entlaufen« werden Tierfindlinge geführt. Oft landen nämlich die völlig erschöpften Tiere in einem Garten und werden aufgenommen. Vielleicht ist Ihr Vögelchen dabei. Auch der kostenlose ZZF Suchdienst kann manchmal helfen (→ Adresse, Seite 62).

Landet der Vogel in der Nähe, stellen Sie den Käfig mit Ihrem zweiten Vogel so ins Freie oder ans geöffnete Fenster, daß der Entflogene ihn sehen und hören kann. Bleiben Sie am besten dabei. Ist der Ausreißer an Abwechslung gewöhnt, macht ihn die neue Umwelt neugierig und nicht schreckhaft (→ Seite 21). Dann kehrt er bald zu seinem Partner zurück.

Wenn der Vogel zurückkehrt:

1. Nähern Sie sich ihm vorsichtig.

2. Strecken Sie ihm die vertraute Hand mit einem Stückchen Kolbenhirse entgegen.

3. Springt er auf Ihre Hand, ist es ein leichtes, den Vogel in den Käfig zu setzen.

Lebensphasen

Hunde, Katzen und Wellensittiche können alle etwa 15 Jahre alt werden. Dennoch unterscheidet sich ihre Entwicklung. Manche Hunde zum Beispiel haben eine Jugendphase, die bis zu zwei Jahre dauern kann. Wellensittiche können in derselben Zeit schon Urgroßeltern sein. Ihre Jugend dauert nur drei bis vier Monate.

Die kurze Jugend nutzt der Wellensittich ausgiebig für seine ausgelassenen Spiele. Er hängt sich kopfabwärts an Schnüre und Äste und dreht sich um die eigene Achse. Alles, was ihm unter den Schnabel kommt, wird auf Spieltauglichkeit getestet. Das ist die Zeit, in der die Sittiche den Kontakt zum Menschen suchen. Es ist die ideale Zeit zum Zähmen (→ Seite 22).

Erwachsen, das heißt geschlechtsreif, werden Sittiche schon mit drei Monaten. Haben sie ihren Partner gefunden, ist ihr Leben von der Aufzucht der Kinder bestimmt.

Als alte Vögel, also nach der Zeit, in der sich die Wellensittiche fortpflanzen können, leben sie meist nicht mehr lange. Eine regelrechte Altersbetreuung gibt es daher nicht. Sie erleben Ihren Liebling bis kurz vor dem Tod als aktiven, munteren Vogel.

VERSORGUNG IM URLAUB

Auf eine weite Reise sollten Sie keine Vögel mitnehmen. Der Transport streßt sie zu sehr, die Umstellung auf eine neue Umwelt benötigt viel zu viel Zeit. Zudem erlauben die meisten Länder keine Ein- und Ausfuhr von Sittichen.

Sie sollten also jemanden finden, der die Vögel versorgt und fliegen läßt. So verschmerzen sie die Trennung am leichtesten. Und wenn sie zu zweit sind, wird es ihnen auch nicht so schnell langweilig.

Wenn der Pfleger sie schon kennt, erspart das Ihren Sittichen das Fremdeln. Wenn Sie im Bekanntenkreis niemanden finden, geben Sie in der Zeitung eine Annonce auf. Oft vermitteln auch Zoofachhandlungen oder Tierschutzvereine Pfleger oder nehmen selbst Vögel in Pension. Die Tiere werden in der Regel gut versorgt, dürfen aber leider meist nicht fliegen.

- ✔ ***Die betreuende Person sollte ein Gefühl für Tiere haben und die Pflege ernsthaft betreiben.***
- ✔ ***Erklären Sie ihr die Pflege genau.***
- ✔ ***Besorgen Sie den nötigen Vorrat an Körnerfutter und Vogelsand.***
- ✔ ***Hinterlassen Sie die Adresse des Tierarztes.***

VERHALTEN UND BESCHÄFTIGUNG

Wellensittiche zu beobachten ist eine wahre Freude. Sie sind nicht nur erfindungsreich im Spiel, sondern auch ganz besonders reizende Liebespärchen, die aufopfernd und liebevoll für ihren Nachwuchs sorgen.

Die Vögel beobachten

Wenn Sie zwei zahme Vögel besitzen, werden Sie beobachten können, wie das Männchen das Weibchen umwirbt. Und Sie werden feststellen, daß sich die beiden ihr Vogelleben lang treu sind. Manchmal geht die Treue sogar über den Tod des Partners hinaus. Haben sich zwei zu einem Paar zusammengefunden, so möchten sie nie getrennt werden. Leider berücksichtigen Züchter dies nicht immer, weil sie die Tiere für die Paarbildung lieber nach Farbmerkmalen auswählen. Daß zwei Tiere wirklich Partner sind, können Sie daran feststellen, daß sie sich während der Balzzeit häufig eng aneinanderkuscheln und sich gegenseitig das Gefieder kraulen (→ Seite 46).

Brautschau

Als Partner fürs Leben mögen Weibchen lieber ältere Männchen. Junge Männchen umwerben meist Weibchen, die bereits einen Brutkasten besitzen. So sind durch Erfahrung die Fortpflanzung und Jungenaufzucht bestmöglich gewährleistet. Eine Zweckehe also. Aber auch das Gefühl spielt bei der Partnerwahl eine Rolle. Manche Wellensittiche scheinen eine liebevollere, zärtlichere Beziehung zu haben als andere.

Ein Wellensittichpärchen läßt Sie als Zuschauer an seinem entzückenden Liebesspiel teilhaben.

Balz mit Liebesgaben

Die treibende Kraft bei der Balz geht vom Männchen aus. Vor seiner »Auserwählten« plustert der Hahn sein Kopf- und Brustgefieder imponierend auf, bewegt sich zwitschernd von ihr weg, nähert sich wieder und tippt mit dem Schnabel gegen den des Weibchens.
Manchmal füttert er es auch. Nicht weil die Dame hungrig ist – er will sie friedlicher stimmen. Denn manche Weibchen sind während der Fortpflanzungsphase dem Partner gegenüber recht aggressiv und lassen sich erst durch »Brautgeschenke« beschwichtigen. Einzeln gehaltene Sittiche füttern oft Mensch oder Spiegel als Ersatz für den fehlenden Geschlechtspartner (→ Seite 19).

Vogelhochzeit

Ist die Henne in Brutstimmung, färbt sich ihre Nasenhaut bräunlich bis dunkelbraun. Ist sie dann auch noch der Werbung des Partners ge-

genüber aufgeschlossen, nimmt die Henne die Paarungshaltung ein. Sie wird etwas starr, legt den Kopf zurück, plustert das Kopfgefieder leicht auf. Ihre Flügel sind angezogen, und die Schwanzfedern zeigen nach oben.
Diese typische Position ist für das Männchen das Signal, das Weibchen zu besteigen. Charakteristisch breitet er nun einen Flügel wie schützend über das Weibchen, bevor er sie begattet. Nach der Paarung zieht sich die werdende Mutter vom geselligen Leben mit den anderen Sittichen zurück und lebt für etwa 8 Wochen ein einsiedlerisches Leben in einer lichtlosen Baumhöhle. In der Natur zumindest. Im Käfig müssen Sie ihr entsprechenden Ersatz in Form eines Brutkastens aus dem Zoofachhandel bieten.

Brüten nur mit staatlicher Genehmigung

Bevor Sie Ihre Vögel brüten lassen, müssen gesetzliche Formalitäten erfüllt werden. In Deutschland brauchen Sie eine Zuchtgenehmigung der zuständigen Behörde (Ordnungs- oder Gesundheitsamt). Diese sollten Sie beantragen, bevor das Weibchen mit dem Brutgeschäft beginnt, am besten, bevor Sie einen Brutkasten anbringen. Den Erlaubnisschein zur Zucht bekommen Sie, nachdem der Amtstierarzt Tiere und Ort besichtigt hat.

Der Schein berechtigt zum Bezug der gesetzlich vorgeschriebenen Ringe (→ Seite 16). Offene Fußringe erhalten Sie bei der ZZF Ringstelle (→ Adresse, Seite 62).

Nachwuchs erwünscht?

Ohne Brutkasten pflanzen sich Wellensittiche nicht fort. Daher können sie sich nicht unkontrolliert vermehren. Nur in der Dunkelheit gibt das Gehirn des Weibchens Hormone in die Blutbahn, die den Brutzyklus steuern.
Mit einem geeigneten Brutkasten aus dem Zoofachhandel aber können Sie das Brüten und das Heranwachsen der Küken beobachten.

✔ Der Kasten sollte 14 cm hoch, 17 cm tief und 25 cm lang sein und eine Mulde für die Eiablage besitzen.

✔ Wellensittiche bauen darin kein Nest. Sie müssen Ihnen also kein Nistmaterial anbieten.

✔ Bringen Sie den Brutkasten außerhalb des Käfigs an. Die Tiere können den gewohnten Raum voll nützen und werden nicht durch Ihr Hantieren bei der Käfigreinigung gestört. Hat der Käfig eine zweite Tür, hängen Sie den Kasten an 2 Haken ans Gitter vor die geöffnete Tür. Hat der Käfig keine zweite Tür, knipsen Sie mit der Zange ein paar Gitterstäbe weg, so daß der Vogel ungehindert in den Kasten schlüpfen kann. Nach der Brut schließen Sie das Loch fest mit einem Drahtgitter.

Eiablage und Brut

Das Weibchen legt 4 bis 6 Eier im Abstand von 2 Tagen. Das Legen selbst ist im wahrsten Sinne des Wortes atemberaubend: Die Sittichmutter setzt sich in der Mulde zurecht, verdreht die Augen, preßt – und schon erscheint in Sekun-

Wie auf einem Förderband rüttelt der Babybrei von Schnabel zu Schnabel.

denschnelle das Ei. Das Pressen beansprucht sie aber so stark, daß sie anschließend noch 4 bis 5 Minuten lang nach Luft ringt (→ Seite 58).
Während des Brütens stellt der Hahn den einzigen Kontakt der Henne zur Außenwelt dar. Er versorgt die Einsiedlerin und später auch die Küken mit Nahrung. 18 lange Tage verbringt das Weibchen allein mit seinen Eiern in der Bruthöhle, wendet und wärmt sie. Nur zur Kotablage verläßt sie die Höhle.
Prüfen Sie während einer solchen Abwesenheit nach 10 Bruttagen, ob alle Eier befruchtet sind:
✔ Unbefruchtete Eier sind durchsichtig, wenn Sie sie gegen das Licht halten.
✔ Befruchtete Eier haben einen bläulichen Schimmer und wirken dunkler.

Bei der Paarung nimmt das Männchen die Erwählte unter seinen Fittich.

Entfernen Sie unbefruchtete Eier nur bei mehr als 4 gelegten Eiern. Mit seinen Brutflecken, gut durchbluteten, fast federlosen Stellen auf der Brust, erkennt das Weibchen, wenn sich die Anzahl der Eier wesentlich ändert. Das könnte es so verwirren, daß es mit Brüten aufhört.

Ein Küken schlüpft

Etwa 24 Stunden vor dem Schlüpfen läßt das Küken ein zunehmend lauter werdendes Pfeifen und Knacken hören. Das ist das Signal für die Mutter, die Eier häufiger zu kontrollieren.

Mit dem Eizahn, einem kleinen, scharfen Kalkaufsatz auf der Oberseite des weichen Schnabels, schlägt das Küken gegen die Schale. Es dreht sich im Ei um die eigene Achse, bis es ringsum einen feinen Spalt in die Schale gestanzt hat. Dann stemmt es sich mit seiner ganzen Kraft gegen die Schale und hebt den abgetrennten »Deckel« ab. Indem es den schweren Kopf mit dem Schnabel abstützt, robbt das Küken laut piepsend ins Freie.

Schlüpfhilfe bei Wellensittichen

In der Natur läuft das Schlüpfen nicht immer so problemlos ab. Im trockenen australischen Busch – oder auch in trockenen, geheizten Räumen – lassen die hohen Temperaturen viel Feuchtigkeit durch die Eischale verdunsten. Die Eihäute werden zäh und spröde, der Embryo klebt an ihnen fest. Er kann sich im Ei nicht drehen und schlägt mit dem Eizahn immer an dieselbe Stelle. So entsteht lediglich ein kleines Loch, aber kein Kranz. Allein kann sich das Küken dann nicht mehr befreien. Unaufhörlich ruft es. Es wäre zum Sterben verurteilt, würde nicht die Mutter ihrem Küken helfen – eine Hilfeleistung, die nur bei wenigen Vogelarten zu beobachten ist. Sie knabbert die Schale auf, bis sich das Küken strecken und aus seinem zu klein gewordenen Heim befreien kann. Die Mutter gönnt sich zur Belohnung für die Hebammenarbeit noch einen Leckerbissen: die Eihäute, von denen sie nicht ein Stückchen übrigläßt.

Es ist nicht aus Einsicht in die Not ihres Jungen, daß die Wellensittichmutter Geburtshilfe leistet. Auch die SOS-Rufe des eingeschlossenen Kükens rühren sie nicht. Wie ich nach vielen Experimenten nachweisen konnte, sind das heftige Strampeln des Kükens und das Loch im Ei der Auslöser.

Diese Schlüpfhilfe zeigt, mit welch vielfältigen Tricks die Natur arbeitet. Durch das Schlüpfhilfeprogramm können sich die Wellensittiche trotz der harten Klimabedingungen behaupten (→ Seite 10). Denn es ist ja kein Zeichen der Schwäche, wenn die Küken ihr Ei nicht öffnen können. Sie wachsen genauso kräftig heran wie ihre Geschwister, die ohne mütterliche Hilfe schlüpfen konnten.

Die Küken – liebevolle Geschwister

Wellensittiche kommen blind, nackt und mit einem Gewicht von etwa 2 Gramm zur Welt. Sie sind völlig hilflos und auf die Fürsorge der Mutter angewiesen. Aber sie wachsen schnell. Immerhin sind die jungen Wellensittiche schon nach 4 Wochen flügge, weitere 2 Monate später können sie bereits selbst brüten. Das Gewicht der Jungen nimmt rasch zu und erreicht am 16. oder 17. Tag mit

Die ersten Federn sind schon da, mit dem Stehen klappt's aber noch nicht ganz.

fast 40 Gramm das Gewicht des erwachsenen Vogels. Am 6. oder 7. Tag öffnen sich die Augen. Am 7. Tag beginnen die Handschwingen, am 9. Tag die Steuerschwingen zu wachsen. Das Daunenkleid ist nach 11 bis 12 Tagen ausgebildet. Mit etwa drei Wochen füttern und kraulen sich die Küken gegenseitig. Wenn jüngere Geschwister um Futter betteln, stecken ihnen die älteren etwas zu. In diesem Alter setzt auch das spielerische Erkunden von Gegenständen ein. Die Kleinen beknabbern zum Beispiel Federn. Ich konnte häufig beobachten, wie 2 Küken dieselbe Feder aufnahmen und damit entzückend Tauziehen spielten.
Das Kennenlernen der Umgebung und der Geschwister ist für die Jungen in vielerlei Hinsicht wichtig. Sie fühlen sich dadurch in ihrer Umgebung sicherer, trainieren und stärken ihre Muskulatur für den baldigen »Ausflug«. Außerdem wird durch das Spiel mit den Geschwistern das spätere Sozialverhalten eingeübt.
Mit etwa vier Wochen verlassen sie den Kasten, werden aber noch von den Eltern gefüttert. Reinigen Sie den Brutkasten sorgfältig, nachdem die Küken ihn verlassen haben.

Die Fütterung der Küken

Aus meiner Sicht und meiner jahrelangen Erfahrung benötigen Wellensittiche kein spezielles Aufzuchtfutter, wenn das Futter, das sie sonst erhalten, alle wichtigen Bestandteile enthält (→ Seite 30).
Körner und Speichel bilden die Babynahrung, mit der die Wellensittichmutter ihre Jungen versorgt. In der ersten Woche liegen die Kleinen bei der Fütterung mit aufgesperrtem Schnäbelchen auf dem Rücken (→ Foto, Seite 40). Mit 10 bis 12 Tagen betteln die Jungen lautstark und bereits selbständig sitzend. Nach 3 Wochen laufen die Küken im Kasten umher und folgen bettelnd der Mutter.

TIP

Küken beobachten

Um die Küken während des Heranwachsens beobachten zu können, ersetzen Sie die Rückwand eines gekauften Brutkastens durch eine Glasscheibe. Decken Sie die Scheibe mit einem schwarzen Tuch ab. Bevor Sie das Tuch zum Beobachten entfernen, sorgen Sie für dämmrige Beleuchtung im Raum. Grelles Licht erschreckt die Vögel. Lüften Sie dann ganz vorsichtig das Tuch. Nach höchstens 10 Minuten decken Sie die Glasscheibe wieder ab. Ich empfehle, nicht längere Zeit am Stück zu beobachten. Kürzere Intervalle sind besser für die Vögel.

Zwei Bruten im Jahr sind genug

In der Natur brüten Wellensittiche bei optimalen Bedingungen ohne Pause. So auch der Heimvogel. Aufgrund des trockenen Klimas muß der Wildvogel aber immer wieder Brutpausen einlegen, die beim Heimvogel entfallen. Sorgen Sie daher dafür, daß auch Ihre Sittiche nicht mehr als zwei mal im Jahr brüten, denn sonst kann das Weibchen vor Erschöpfung sterben.
So hindern Sie das Weibchen am Brüten: Trennen Sie die Geschlechter, kurz bevor die Küken den Kasten verlassen. Entfernen Sie dann den Kasten. Das ist auf alle Fälle die biologisch freundlichere Art.
Wenn Sie den Zeitpunkt verpaßt haben, entfernen Sie alle Eier samt Brutkasten nach etwa 14 Tagen. Die Weibchen verkraften diesen Verlust, aber zur Regel sollte dieses Verfahren nicht werden.

DOLMETSCHER

Mit ihrer ausgeprägten Körpersprache teilen Wellensittiche ihren Kameraden – ob Mensch oder Vogel – vieles mit.

☞ ***Dieses Verhalten zeigt mein Wellensittich.***

? ***Was will der Wellensittich damit sagen?***

! ***So reagiere ich richtig auf sein Verhalten!***

☞ Ein Weibchen streckt dem Männchen den Kopf unter den Schnabel.

? Es will gekrault werden. Das Schmusen vertieft die Partnerbindung.

! Wird der Vogel allein gehalten, versuchen Sie ganz vorsichtig, ihn mit dem Finger zu kraulen.

☞ Wellensittiche schwingen bäuchlings in den Zweigen.

? Sie lieben das ausgelassene Spiel.

! Bieten Sie ihnen viel Spiel-Raum.

☞ Der Sittich stellt die Flügel aus.

? Ihm ist warm, er sorgt so für Abkühlung.

! Bieten Sie ihm Ausweichmöglichkeit in den Schatten.

☞ Das Männchen füttert das Weibchen.

? Es verpflegt das Weibchen während der Aufzucht der Jungen.

! Stellen Sie ausreichend Futter bereit.

☞ Der Sittich reibt Kopf und Schnabel an einem Ast.

? Er entfernt so Futterreste aus dem Gefieder am Kopf.

! Reinigen Sie die Äste regelmäßig.

☞ Die Vögel knabbern und kratzen im Gefieder.

? Die Vögel verbringen täglich mehrere Stunden mit der gründlichen Körperpflege.

! Kratzt sich ein Vogel viel mehr als sonst, sollte der Arzt ihn auf Parasitenbefall untersuchen.

☞ Das Weibchen beugt beim Schnäbeln den Kopf nach hinten.

? Untrügliches Signal für das Männchen, sein Weibchen zu begatten.

! Wenn Sie Junge wollen, hängen Sie einen Brutkasten auf.

☞ Der Neuankömmling wird mit aufgesperrtem Schnabel empfangen.

? Futterneid am Salatschüsselchen.

! Wenn Sie mehrere Vögel haben, bieten Sie genügend Platz beim Futter für alle.

☞ Der Sittich pickt mit dem Schnabel unter den erhobenen Flügel.

? Gründliche Federpflege hält fit fürs Fliegen.

! Geben Sie dem Vogel ausreichend Gelegenheit zum Fliegen.

Im kleinen Schwarm können Sie das arttypische Verhalten beobachten.

Sozialverhalten

Es ist kein Zufall, daß der Wellensittich der beliebteste Heimvogel ist. Seine Schönheit allein macht ihn nicht dazu. Mindestens ebenso viel Freude bereitet sein munteres und unterhaltsam verspieltes Wesen.
Das Beobachten des abwechslungsreichen Verhaltens eines Wellensittichs schafft großes Vergnügen – und noch mehr die vielen typischen Verhaltensweisen eines Pärchens, die ein einzeln gehaltener Vogel nicht hat (→ Seite 39).

Kopfkraulen

Das Kraulen des Gefieders ist ein Genuß für den Wellensittich. Wenn er gekrault werden möchte, bietet er dem Partner seinen Nacken dar (→ Foto, Seite 44). Bei empfindlichen Stellen kann es sein, daß der Vogel einen kurzen Schrei ausstößt, der zur Unterbrechung oder zum Rollenwechsel führt.

Das Kraulen erfüllt mehrere Funktionen:

✔ Es baut Streß ab und stärkt somit das Immunsystem. Die Tiere sind dadurch weniger anfällig für Krankheiten (→ Seite 55).
✔ Die Tiere wirken friedlich und beruhigt.
✔ Es festigt die Partnerbindung.
✔ Hygienischer Effekt: Das Glätten der kleinen Federn und Reinigen von anhaftenden Teilchen gelingt dem Partner viel besser.

Lautäußerungen

<u>Kontaktruf:</u> Wenn Sie Vogelgesang lieben, ist ein Kanarienvogel für Sie besser geeignet, denn die Wellensittiche geben mehr krächzende Laute von sich. Mit diesem Gekrächze halten sie Kontakt mit den Artgenossen und können ihren Partner jederzeit finden.

Alarmruf: Er läßt sich sehr genau vom Kontaktruf unterscheiden. Der Alarmruf klingt viel schärfer. Er versetzt die Tiere bei Gefahr in die Bereitschaft, blitzschnell abzufliegen.
Murmeln: Besonders in der Dämmerung können Sie ein anderes Gezwitscher vernehmen. Die Tiere »murmeln« sich in den Schlaf. Wildlebende Wellensittiche lassen davor noch »Ieh-Rufe« in den Baumwipfeln hören.

Aggressives Verhalten

Wenn Sie sich für einen Wellensittich als Hausgenossen entschieden haben, so können Sie sicher sein, ein sehr friedfertiges Tier vor sich zu haben.
Wellensittiche benötigen keine Waffen, mit denen sie sich verteidigen müssen. Vielmehr können sie durch ihren Körperausdruck und die typischen Laute ihre Stimmung ausdrücken.
Angespannte Stimmung: Darauf weisen folgende Verhaltensweisen hin:

- ✔ Hochgereckter Körper.
- ✔ Gestreckte Halswirbelsäule.
- ✔ Glatt anliegendes Gefieder.
- ✔ Kopf gegen den Artgenossen gerichtet, um ihm zu zeigen, daß er vorsichtig sein soll.

Noch stärkeren Signalcharakter haben gestreckte Fußgelenke und der geöffnete Schnabel in Verbindung mit Drohlauten.
Kämpfe: Zwischen den Partnern oder zwischen Männchen sind fast nie Kämpfe um die Rangordnung oder um das Futter zu beobachten. Nur in Konkurrenzsituationen, also wenn zum Beispiel ein zweites Weibchen zu einem Pärchen gesetzt wird, versucht das stärkere Weibchen die Konkurrentin zu bekämpfen. Dabei kann es durchaus blutig zugehen und zu langen Verfolgungsjagden kommen. Trennen Sie in einem solchen Fall die Tiere oder besorgen Sie ein weiteres Männchen, um die Spannung zu vermeiden.

Checkliste
Beobachtungsmöglichkeiten

1 Wenn der Vogel den Schnabel auf dem Rücken in die Federn steckt, schläft er tief und fest.

2 Der Wellensittich zeigt seinem Partner den Nacken, wenn er gekrault werden will.

3 Wenn zwei Vögel sich gegenseitig füttern, herrscht eine tiefe Zuneigung zwischen ihnen.

4 Wenn der Vogel sich vor einem anderen ganz groß macht und die Federn eng anlegt, besteht zwischen den beiden eine aggressive Spannung.

5 Mit leicht angewinkelten Flügeln will ein Vogel den anderen beeindrucken. Es kann aber auch ein Zeichen für zu große Körperwärme, bei enganliegenden Federn auch für Angst sein.

6 Sitzt der Vogel mit weit gespreizten Füßen, abgestellten Flügeln und gar hechelnd auf seiner Stange, ist er wahrscheinlich krank oder erschöpft.

Typische Tätigkeiten

In der Wildnis ist der Tagesablauf eines Wellensittichs davon bestimmt, das Überleben zu sichern: Ausführliche Gefiederpflege sichert die Flugfähigkeit, die ihrerseits für die Futtersuche nötig ist. Am Tag und bei der nächtlichen Erholung sind Wellensittiche – ob Wild- oder Heimtier – am liebsten in ihrem Schwarm.

Fortbewegung

Als Schwarmvögel brauchen Wellensittiche die Anregung der Gruppe. Einzeln gehaltene Tiere bewegen sich viel weniger, da ihnen die mitreißenden Tätigkeiten der Artgenossen fehlen. Besonders wichtig ist es, daß sie gemeinsam fliegen können.
Wenn die Wellensittiche zu wenig Raum zum Fliegen haben, können Sie eine alarmierende Verhaltensweise beobachten: das sogenannte Flügeln. Dabei halten sich die Tiere an der Sitzstange fest und schlagen mit voller Kraft mit den Flügeln. Nur bei Jungtieren bedeutet dieses Verhalten, daß sie ihre Muskeln trainieren.

Körperpflege

Das Putzen des Gefieders beansprucht den Vogel einige Stunden am Tag. Viele Handlungen wie Schlafen, Fressen, Partnerkontakt beendet der Wellensittich mit der Pflege des Gefieders, denn dadurch ist gewährleistet, daß er jederzeit flugfähig ist. Dafür muß er jede einzelne Feder mit großer Ausdauer und Geschicklichkeit von anhaftenden Schmutzteilen oder den Hülsenresten nachwachsender Federn reinigen. Er nimmt dazu seinen Schnabel, aber auch die Fußzehen zu Hilfe. Manchmal reiben Wellensittiche auch ihr Köpfchen an einem Ast, weil sie mit dem Schnabel nicht überall hinkommen (→ Foto, Seite 45 oben).
Sie werden auch bemerken, daß Ihre Tiere während der Gefiederpflege häufig mit dem Kopf an der Bürzeldrüse reiben. Das Sekret dieser Fettdrüse, die sich am Ende des Rückens oberhalb des Schwanzfederansatzes befindet, schützt die Federn und Füße gegen Nässe und Austrocknung.

Schlafen und Ruhen

Wie in ihrer australischen Heimat nehmen unsere Wellensittiche einen bestimmten, festen Schlafplatz ein und fliegen gemeinsam auf, wenn sie in ihrer Ruhe gestört werden – bei Vögeln in der Voliere kann es dann bei einer solchen gemeinsam ausbrechenden Reaktion zu Verletzungen am Gitter kommen. Schirmen Sie Ihre Vögel deswegen nachts möglichst vor Aufregung ab (→ Seite 22).

Füßchen heben, abstoßen und kräftig hochziehen …

Die Ruhephasen der Tiere richten sich nach dem Stand der Sonne. In der größten Hitze des Tages dösen die Tiere still mit geschlossenen Augen, aufgeplustertem Gefieder und abgewinkeltem Bein vor sich hin. Wird der Kopf nach hinten gedreht und der Schnabel ins Rückengefieder gesteckt, so ist dies ein Zeichen, daß der Vogel sich im Tiefschlaf befindet.

Sinnesleistungen

Viel besser als der Mensch kann ein Wellensittich in kürzester Zeit Gefahren wahrnehmen – sein sensorisches »Frühwarnsystem« arbeitet mit bemerkenswerter Geschwindigkeit.
Sehen können Wellensittiche – wie die meisten Vögel – sehr gut. Für sie ist die Welt mindestens so farbig wie für uns. Neueste Forschungen haben gezeigt, daß Wellensittiche einen Sinneszellentyp mehr im Auge haben als etwa der Mensch. Damit können sie außer blauem, rotem und grünem Licht auch noch UV-Licht im Auge und im Gehirn verarbeiten.

Auch der Gesichtskreis des Vogels ist durch die seitliche Anordnung der Augen erheblich vergrößert. Dies ermöglicht den Tieren, sogar rückwärts liegende Eindrücke zu verarbeiten. Mit ihrem Rundumblick können sie Feinde erkennen, auch wenn diese von hinten kommen.
Da Wellensittiche sehr schnell fliegen können, brauchen sie die Fähigkeit, Details blitzschnell wahrzunehmen: Sie können pro Sekunde 150 Bilder verarbeiten, Menschen nur etwa 16 Bilder in der Sekunde.
Hören können Wellensittiche etwa in denselben Frequenzbereichen wie der Mensch. Besser als bei uns ist aber Ihre Fähigkeit ausgeprägt, bestimmte Geräusche zu erkennen. Was für uns wie ein furchtbares Gezeter klingt, ist für den Vogel eine deutlich Tonfolge, die er ohne Veränderung wiedergeben kann.
Schmecken: Wellensittiche sind wie fast alle Tiere ganz verrückt nach Kochsalz. Sie lassen den feinsten Hirsekolben liegen, wenn man ihnen Salzbrezeln anbietet. Aber Vorsicht! Der Vogel darf nur wenige Krümel davon fressen. Zuviel Salz kann zu Nierenversagen führen und damit seinen Tod bedeuten. Aus meinen Beobachtungen weiß ich, daß Wellensittiche auch süßes Futter sehr gern mögen.
Riechen: Über den Geruchssinn bei Wellensittichen weiß man wenig. Er ist vermutlich nicht stark entwickelt.
Vibrationssinn: Durch besondere Sinneszellen in den Beinen können Vögel selbst kleinste Vibrationen ihres Sitzplatzes wahrnehmen. Der Vibrationssinn erfüllt eine bedeutende Aufgabe im Leben der Vögel, da er sie vor nahenden Feinden

... können wir das Treppenspiel nochmal spielen?

10 beliebte Spiele
und Beschäftigungen

1 Befestigen Sie einige hölzerne Wäscheklammern am Käfig. Die Sittiche ziehen daran, versuchen, sie zu entfernen und beknabbern sie.

2 Füllen Sie eine Plastikwanne etwa 3 cm hoch mit Wasser. Legen Sie schwimmende Früchte (etwa Trauben) hinein, setzen Sie den Vogel an den Rand. Er wird die Frucht hin- und herschieben und versuchen, sie zu greifen.

3 Setzen Sie Ihren Vogel auf die Schulter und pfeifen Sie ihm eine Melodie zum Nachpfeifen vor.

4 Binden Sie an die Mitte eines Astes eine Schnur, befestigen Sie das Schnurende so im Käfig oder am Vogelbaum, daß der Ast schwingen kann. Bald landen 2 Vögel darauf und schaukeln.

5 Legen Sie gleiche Pappdeckel auf unterschiedlich aussehende Schälchen. In eines kommt Wasser, ins andere Hirse. Sehr bald lernt Ihr Vogel, in welcher Schale sich der Leckerbissen befindet.

6 Hängen Sie ein etwas größeres Glöckchen an den Vogelbaum. Binden Sie eine Schnur an den Klöppel. Der Vogel spielt mit der Schur und bringt so die Glocke zum Klingen.

7 Legen Sie Murmeln auf den Tisch. Der Sittich stößt sie gegeneinander. Ihm gefallen Geräusch und Bewegung.

8 Umwickeln Sie ein kleines Stück Hirse mit Papier, formen Sie damit eine Kugel. Der Vogel spielt mit ihr. Durch Zufall öffnet sie sich und er findet Hirse als Belohnung.

9 Wenn Ihr Sittich sehr zahm ist, führen Sie ihn auf der Hand behutsam an einen fließenden Wasserhahn. Er wird sich dem Wasserstrahl nähern und duschen.

10 Stecken Sie auf einen Rundstab bunte Holzperlen. Befestigen Sie diesen »Rechenstab« im Käfig. Rechnen wird der Vogel nicht, aber spielen.

und ungewohnten Ereignissen warnt und zur Flucht veranlassen kann.
Wellensittiche reagieren besonders empfindlich auf Erschütterungen. Deshalb sollte ihr Vogelheim absolut erschütterungsfrei stehen (→ Seite 20). Niemals darf der Käfig gedankenlos auch nur für einige Minuten etwa auf einem vibrierenden Kühlschrank abgestellt werden, da der Vogel im Käfig sich durch seine Fluchtreaktion schwer verletzen könnte.

Lernen und Beschäftigen

Wellensittiche gehören zu den intelligentesten Vögeln. Allerdings gibt es große Unterschiede im Denkvermögen dieser kleinen Sittiche. In meiner Schar gibt es Vögel, die sehr schnell eine neue Situation erfassen und begreifen. Andere wiederum stehen hoffnungslos vor dem gleichen Problem. Kein Vogel gleicht dem anderen (→ Seite 53).

Sprechende Wellensittiche?

Im Vergleich zu anderen Vögeln sind die Lautäußerungen des Wellensittichs nicht sehr variationsreich oder gar den melodischen Strophen unserer heimischen Singvögel vergleichbar. Dafür kann aber keiner dieser begabten Sänger, ob Nachtigall oder Amsel, die menschliche Sprache nachahmen.
Um so erstaunlicher ist es, daß der Wellensittich die Fähigkeit besitzt, das Vorgesagte nachzusprechen. Ohne ihren Sinn zu verstehen, kann er verschiedene Worte und kurze Sätze erlernen.
Allerdings ahmen Wellensittiche die menschliche Sprache nur nach, wenn sie einzeln, das heißt nicht artgerecht gehalten werden. Dies ist meines Erachtens ein zu hoher Preis. Ich bin der Überzeugung, daß stupides Nachplappern die Einzelhaltung nicht rechtfertigt.

Wellensittich-Spiele

Als Ausgleich für die vermeintliche Zwiesprache mit Ihrem Vogel können Sie sich mit Pärchen oder einer kleinen Vogelschar nicht minder spannend und kurzweilig unterhalten – auch ohne Worte.
Die Tiere lieben es, wenn Sie sich ausgiebig mit ihnen beschäftigen. Sie sind sehr gelehrig und neugierig, so daß immer neue Spiele ihnen das größte Vergnügen bereiten (→ Seite 50 und 52). Sind die Vögel erst einmal zahm, werden sie auch gerne auf Ihrem Kopf oder Ihrer Schulter sitzen, an Ihren Haaren knabbern oder das Treppensteige-Spiel spielen (→ Fotos, Seite 48/49). Besonders zutrauliche Vögel lassen sich sogar von ihrem Menschen kraulen (→ Seite 46). Seien Sie dabei aber ganz vorsichtig, damit Sie dem Vögelchen nicht wehtun.

Den Gitterball holen und in die Hand werfen – das macht Spaß!

Intelligenztest

Wellensittiche können mindestens bis 3 zählen. Bauen Sie das Versteckspiel (→ Kasten) aus, indem Sie statt der verschiedenen Farben je einen, zwei oder drei Punkte auf die Pappdeckel malen und zum Beispiel unter der Karte mit drei Punkten Futter verstecken. Die Vögel sind mit solch einer Begeisterung dabei, daß ich nicht sicher bin, was ihnen wichtiger ist: das Futter oder die Tätigkeit.

Die Aufgabe ist auf dem Kärtchen zu sehen: die Karte mit 3 Punkten finden.

Nach der Lösung folgt die Belohnung: Der Wellensittich läßt es sich schmecken.

Versteckspiel

Wellensittiche können Farben unterscheiden.

1. Legen Sie in eine von zwei gleichen Futterschalen Körner.

2. Decken Sie diese Futterschale zum Beispiel mit einem grünen Karton ab, die zweite Schale ohne Futter mit einem roten Karton.

3. Zeigen Sie dem Vogel ein grünes Extrakärtchen.

4. Rasch wird das Tier verstehen und zum Schälchen mit dem grünen Karton trippeln.

5. Nachdem es den Deckel beiseitegeschleudert hat, findet es dort seine Belohnung: einen wohlgefüllten Futternapf.

Lernen hält fit

Wellensittiche spielen ganz reizend und sind erstaunlich gelehrig. Ermüden Sie deshalb nicht, immer wieder neue Denksportaufgaben für Ihre Sittiche zu erfinden. Alle Denkaufgaben können spielerisch und ohne Zwang gelöst werden – mit Futter als Anreiz.

Schnüre mit Leckerbissen

Sehr einfach und mit wenig Zeitaufwand bereiten Sie Ihren Wellensittichen großes Vergnügen und fördern auch ihr Such- und Lernverhalten:

✔ Hängen Sie im Vogelzimmer senkrecht und waagerecht Schnüre auf. Die Vögel, besonders die Jungtiere, lieben es, auf ihnen zu schwingen.

✔ Hängen Sie die Schnüre immer wieder um.

✔ Binden Sie ab und zu an eine oder zwei Schnüre Glöckchen, Ringe oder etwas zum Naschen (→ Seite 31).

Badevergnügen

Wellensittiche baden leidenschaftlich gern (→ Seite 18). Hat ein Sittich anfangs Angst, das

Auf den schwankenden Schnüren herumzutollen macht Spaß.

Badehaus zu betreten, legen Sie nasse Blätter (Spinat, Löwenzahn, Salat) hinein. Bald wird er neugierig, beäugt die Leckerbissen, nähert sich vorsichtig und frißt. Wenn er dann merkt, daß vom Badehaus keine Gefahr droht, geht er vorsichtig hinein und seine Angst ist vergessen.

Flügel spreizend und mit vergnügten Verrenkungen badet der Sittich.

Vorausdenken

Wie verschieden die einzelnen Vögel sind, erkennen Sie mit diesem Intelligenztest:

1. Stellen Sie einen den Vögeln unbekannten Käfig mitten im Raum auf. Legen Sie auf das Dach einen Hirsekolben. Während des Versuchs entfernen Sie das andere Futter im gewohnten Vogelheim.

2. Bald landen die Vögel auf dem fremden Käfigdach und fressen die heißbegehrte Hirse. Nahezu alle Sittiche lösen diese Aufgabe noch bravourös. Nachdem die Tiere gewohnt sind, auf dem Käfigdach Futter zu finden, beginnt der eigentliche Test:

3. Legen Sie die Hirse ins Käfiginnere, öffnen Sie eine Seitentür. Die Tiere landen wie gewohnt auf dem Käfigdach, finden aber kein Futter.

Die Bequemen knabbern ein wenig am Gitter und verlassen dann erfolglos den Käfig.

Die Klugen aber suchen nach einer Öffnung. Man sieht sie förmlich nachdenken. Dann steuern sie zielsicher die Tür an und lassen sich die feine Hirse schmecken.

4. Um sicher zu sein, daß es sich hierbei nicht um Zufall handelt, öffnen Sie die zweite Tür des Käfigs. Es werden wieder die gleichen Tiere sein, die den Weg finden.

GESUNDHEITSVORSORGE UND KRANKHEITEN

Durch die richtige Haltung schützen Sie Ihre zwitschernden Lieblinge vor Krankheiten. Denn die meisten Erkrankungen entstehen durch schlechte Lebensbedingungen. An Wellensittichen, die artgerecht gehalten werden, haben Sie ein ganzes Vogelleben lang Freude.

Vorbeugen ist besser als Heilen

Wellensittiche sind recht robuste Vögel. An Nahrung und Temperatur stellen sie keine großen Ansprüche. Bei einer Haltung, die ihren natürlichen Bedürfnissen widerspricht, können sie jedoch ernsthaft erkranken. Eine Behandlung ist oft mit viel Mühe verbunden, und durch Krankheit kann der Vogel dauerhafte Schäden davontragen. Beugen Sie also lieber vor, dann bleibt Ihrem Vögelchen vieles erspart.

Haltungsfehler vermeiden: Ermöglichen Sie Ihrem Wellensittich ein möglichst artgerechtes Leben. Hat er ausreichend Bewegung und Sonnenlicht, die richtige Nahrung und die Zusprache eines Partners, ist er gegen die meisten Krankheiten gewappnet (→ Checkliste, Seite 57).

Hygiene muß sein: Oberstes Gebot der Vogelhaltung ist die Sauberkeit (→ Seite 34). Verfaultes, verdorbenes Futter und Kot sind meist die Quelle für Bakterien, Pilze und Viren. Die Futter- und Wasserschalen müssen daher täglich, das Vogelheim wöchentlich gereinigt werden.

So wohl, wie sich diese munteren Kerlchen fühlen, sind sie kaum anfällig für Krankheiten.

Patient Wellensittich

Wenn Ihr Wellensittich krank wirkt (→ Tabelle, Seite 59), bringen Sie ihn am besten sofort zum Tierarzt. Scheuen Sie nicht die Kosten, meist ist der Arztbesuch nicht teuer. Verlieren Sie keine Zeit, denn ein so kleiner Vogel wie der Wellensittich kann schnell in Lebensgefahr kommen, wenn die tierärztlichen Maßnahmen zu spät angewandt werden. Erkundigen Sie sich daher schon bei der Anschaffung Ihrer Vögel nach einem Tierarzt in Ihrer Nähe, der Wellensittiche behandeln kann.

Bei einem Wellensittich ist es oft schwer, eine Krankheit zu erkennen. Der Versuch, den Vogel mit selbstverordneten Mitteln zu heilen, zögert den Arztbesuch nur hinaus. Und die Heilungschancen können sich dadurch erheblich verschlechtern.

Erste Maßnahmen bei Krankheit

Bringen Sie einen kranken Vogel so schnell wie möglich zum Tierarzt. So überbrücken Sie die Zeit bis zum Besuchstermin:

Trennen Sie den erkrankten Vogel von der Vogelschar und setzen Sie ihn in einen Ersatzkäfig. Das schützt ihn vor Streß und die anderen Tiere vor Ansteckung. Dort können Sie genau

Sauberes Gefieder ist wichtig – Körperpflege zu dritt.

beobachten, wieviel er trinkt und frißt oder ob er Durchfall hat.

Wärmestrahlen können als erste Maßnahme bei leichten Erkrankungen helfen. Geeignete Infrarotlampen mit 200 Watt sind im Zoofachhandel oder Elektrogeschäft erhältlich. Bestrahlen Sie nur die eine Hälfte des Käfigs, so daß der Vogel der Wärme auch ausweichen kann.

Der Weg zum Tierarzt

Transportieren Sie den Vogel im Beobachtungskäfig. So vermeiden Sie unnötige Aufregung, und der Tierarzt kann den Vogelpatienten beobachten, ohne ihn zu ängstigen.

✔ Entfernen Sie Trink- und Futtergefäße aus dem Vogelheim.

✔ Säubern Sie den Käfig nicht, damit der Tierarzt Kotproben entnehmen kann.

✔ Einen Vogel mit Knochenbruch schützen Sie, indem Sie weiches, zerknülltes Papier auf den Käfigboden legen.

✔ Schlagen Sie den Käfig in eine Decke ein.

Wichtig: Gehen Sie Ihrem Vogel zuliebe ohne Umwege zum Arzt. Halten Sie sich genau an die Verordnungen des Arztes, damit Ihr Vögelchen schnell wieder gesund und munter ist.

Mauser

Bei der Mauser verliert der Vogel sein Federkleid und neue Federn wachsen nach. Junge Vögel mausern ab dem 3. Monat, erwachsene in der Regel einmal jährlich. Geben Sie Ihrem Vogel zur Unterstützung der Federbildung Mauserhilfe. Dieses kalzium- und phosphatreiche Präparat erhalten Sie in jedem Zoofachgeschäft. Geschwächte Vögel sollten Sie außerdem vor Streß schützen.

Zehen- und Krallenprobleme

Die Zehen und Nägel der Vögel haben vielfältige Aufgaben: Kratzen, Kämpfen, Halten der Nahrung, Festhalten an der Stange und Reinigen der Federn. Daher sind gesunde Füße für das Wohlergehen des Vogels sehr wichtig. Bei Problemen bringen Sie den Vogel zum Arzt.
Entzündungen des Nagelbetts rühren meist von Milben her (→ Seite 58).
Geschwollene Füße werden durch bakterielle Infektionen und Vitamin-A-Mangel hervorgerufen.
Zu lange Krallen kommen bei artgerechter Haltung selten vor. Sind sie aber dennoch zu lang, müssen sie geschnitten werden. Dabei dürfen die Blutgefäße in den Nägeln nicht verletzt werden. Lassen Sie sich beim ersten Mal vom Tierarzt in die fachgerechte Pediküre einweisen.

Schnabel- und Nasenhautprobleme

Der Schnabel dient dem Vogel als Messer, Gabel und Löffel. Er benützt ihn sogar als »dritten Fuß« zum Klettern. Ein Vogel mit mißgestaltetem Schnabel ist ein bedauernswertes Geschöpf. Bei folgenden Symptomen sollten Sie ihn zum Arzt bringen:
Übermäßiges Wachstum des Ober- oder Unterschnabels kann nur der Tierarzt korrigieren. Geschieht das nicht, verliert der Vogel sehr schnell an Gewicht und kann lebensgefährlich erkranken.
Krusten an Schnabel und Augenlidern deuten auf Milbenbefall hin. Milben können den Schnabel sogar zerstören (→ Seite 58).
Dicke, harte und braune Nasenhaut kann ebenfalls durch Milben hervorgerufen werden, besonders bei Weibchen (→ Seite 58).

Checkliste Gesundheitsvorsorge

1 Halten Sie mindestens zwei Sittiche. Einsame Tiere sind streßanfälliger und erkranken daher schneller.

2 Lassen Sie Ihre Wellensittiche häufig und ausgiebig im sicheren Vogelzimmer fliegen.

3 Vitamin- und variationsreiche Kost beugt Krankheiten vor.

4 Halten Sie das Vogelheim und die Lieblingsplätze Ihrer Vögel stets sauber.

5 Schützen Sie Ihre Wellensittiche vor kalter Feuchtigkeit und Zugluft. Ihnen fehlt die schützende Wachsschicht auf dem Gefieder. Das macht sie für Erkältungskrankheiten anfälliger.

6 Gönnen Sie Ihren Vögeln ab und zu ein Sonnenbad auf Balkon oder Terrasse. Sonnenlicht regt die lebenswichtige Vitamin-D-Produktion und den Kalziumstoffwechsel an. Wählen Sie einen Platz, wo die Tiere zwischen Sonne und Schatten wählen können (Überhitzung!) und wo sie vor Katzen geschützt sind.

Farbwechsel von blauer zu brauner Nasenhaut kann Zeichen für einen Hodentumor sein.

Legenot

Manchmal bleibt ein Ei in der Kloake stecken, obwohl die werdende Sittichmutter stark preßt. Nach einiger Zeit ist sie so geschwächt, daß sie schwer atmend und völlig teilnahmslos in einer Käfigecke sitzt.
Maßnahmen: Reiben Sie die Kloakenöffnung mit warmem Speiseöl ein. Führen Sie ganz behutsam eine mit Öl getränkte Feder in die Kloake. Mit Glück löst sich das Ei. Wenn nicht, suchen Sie sofort den Tierarzt auf, Ihr Vogel ist in Lebensgefahr. Wird das Ei nicht innerhalb weniger Stunden entfernt, stirbt er.

Parasiten

Kräftiges Kratzen und Beißen können Anzeichen dafür sein, daß Ihr Vogel von juckenden und blutsaugenden Parasiten befallen ist.
Läuse und Milben deuten auf eine unhygienische Haltung hin. Läuse leben auf dem Gefieder. Rote Milben sitzen in Hautspalten und saugen nachts Blut von Ihrem Liebling.
Maßnahmen: Lassen Sie sich vom Tierarzt ein Desinfektionsmittel gegen die Parasiten verschreiben. Stangen und Spielzeug wegwerfen, Käfig mit heißem Seifenwasser und Desinfektionsmittel reinigen, sorgfältig trocknen, Stangen und Spielzeug erneuern.

Ansteckende Krankheiten

Papageienkrankheit (*Ornithose, Psittakose*):
✔ Symptome: Vogel sitzt apathisch mit gesträubtem Gefieder, klammert sich an der Stange fest, atmet verstärkt und hat grünen, manchmal blutigen Durchfall. Augen sind entzündet und geschwollen, Nase läuft.
✔ Ursache: Durch strenge Kontrollen kommt die Papageienkrankheit in Deutschland selten vor. Der Erreger (*Chlamydia psittaci*) ist ein bakterienähnlicher Organismus. Er kann mehrere Jahre im Vogel leben, bevor die Krankheit ausbricht. Alle Vögel und auch Säuger einschließlich des Menschen können angesteckt werden. Die Übertragung geschieht über Kot sowie Futter- und Trinkgefäße.
✔ Maßnahmen: Behandelt der Tierarzt kranke Vögel innerhalb von 10 Stunden mit einem Antibiotikum, sind die Heilungschancen gut.
Französische Mauser:
✔ Symptome: 4 bis 6 Wochen alte Wellensittiche verlieren Flug- und Schwanzfedern.
✔ Ursache: Ein Virus verhindert, daß die Federn nachwachsen. Die Vögel bleiben meist flugun-

Bei solchen Sitzästen bleiben die Nägel auf natürliche Weise kurz.

Wann Sie Ihren Wellensittich zum Arzt bringen sollten

Was ist anders?	Beobachtung beim Wellensittich
Aktivität	• Der Vogel ist schläfrig, inaktiv oder apathisch. • Er hat einen starren Ausdruck. • Der Vogel zieht sich zurück oder sitzt in einer Ecke.
Freßverhalten	• Der Wellensittich frißt weniger oder mehr als sonst. • Er trinkt mehr Wasser als sonst. • Der Wellensittich würgt Schleim aus dem Kropf.
Verdauung	• Vogel setzt weniger Kotbällchen ab als sonst (zählen!). • Kot ist dünnflüssig, teils blutig oder anders gefärbt.
Gefieder	• Das Gefieder ist aufgeplustert oder gesträubt. • Die Schwanzfedern sind nach unten gebeugt. • Das Gefieder ist matt und schuppig.
Flügel	• Der Vogel spreizt die Flügel.
Atmung	• Der Wellensittich schnappt begierig nach Luft. • Atemnot, schwere Atmung. • Raschelnde Atemgeräusche.
Augen	• Die Augen sind entzündet oder geschwollen.
Nase	• Die Nase läuft. • Farbwechsel von blauer zu brauner Nasenhaut.
Hinterleib	• Der Hinterleib ist angeschwollen.

fähig. Die Züchter nennen sie daher Hopser oder Renner.

✔ Maßnahmen: Kranke Vögel von Zuchtpaaren trennen, um Ansteckung zu vermeiden. Hopser von der Zucht ausschließen.

Verletzungen

Verletzt sich der Vogel außerhalb des Käfigs, gehen Sie ruhig auf ihn zu, damit er nicht versucht zu fliehen. Er könnte sich dabei noch schlimmer verletzen oder gar noch mehr Blut verlieren. Setzen Sie ihn äußerst behutsam in den ausgepolsterten Käfig (→ Seite 56).

Knochenbrüche behandelt am besten der Tierarzt.

Blutende Wunden sollten Sie mit einem sauberen Taschentuch möglichst rasch stillen, denn ein Wellensittich kann schnell verbluten. Ist die Wunde tief, lassen Sie sie so schnell wie möglich vom Arzt behandeln.

REGISTER

Die halbfett gesetzen Seitenzahlen verweisen auf Farbfotos und Zeichnungen.

Grünfutter sollte frei von Schadstoffen sein.

REGISTER

Adressen, die weiterhelfen

- AZ Vereinigung für Artenschutz, Vogelhaltung und Vogelzucht e. V., Postfach 1168, 71501 Backnang (Anfragen nur schriftlich)
- DSV Deutsche Standard-Wellensittich-Züchter-Vereinigung e. V., Maria Heinrich, Amselweg 1, 97332 Volkach
- DWV Deutsche Wellensittich-Vereinigung in der Vereinigung Artenschutz, Vogelhaltung und Vogelzucht AZ e. V., Postfach 1168, 71501 Backnang (Anfragen nur schriftlich)
- Zoologische Gesellschaft Österreichs, Haus des Meeres, Esterhazypark 6, A-1060 Wien (Anfragen nur schriftlich)
- ZZF Ringstelle und Suchdienst, Zentralverband zoologischer Fachbetriebe Deutschlands e. V., Postfach 1420, 63204 Langen

Anschriften von Vogelclubs und -vereinen in Ihrer Nähe können Sie auch bei vorgenannten Verbänden erfragen. Bitte bei schriftlichen Anfragen einen frankierten Rückumschlag beilegen.

Bücher, die weiterhelfen

(falls nicht im Buchhandel, dann in Bibliotheken erhältlich)

- Aeckerlein, W.: Die Ernährung des Vogels. Eugen Ulmer Verlag, Stuttgart.
- Albrecht, E.: Käfig- und Volierenbau. Rasch und Röhrig Verlag, Hamburg.
- Arzt, V., u. Birmelin, I.: Haben Tiere ein Bewußtsein? Wilhelm Goldmann Verlag, München.
- Birmelin, I./Wolter, A. Wellensittiche. Gräfe und Unzer Verlag, München.
- Ebert, U.: Vogelkrankheiten. Verlag M. u. H. Schaper, Hannover.
- Pahlow, M.: GU Kompaß Kräuter und Wildfrüchte. Gräfe und Unzer Verlag, München.
- Robiller, F.: Vogelkäfige und Volieren. Augustus Verlag, Augsburg.
- Rutgers, A.: Wellensittiche pfleglich gehalten und kundig gezüchtet. Eugen Ulmer Verlag, Stuttgart.
- Wolter, A.: Der Wellensittich. Gräfe und Unzer Verlag, München.

Zeitschriften, die weiterhelfen

- Gefiederte Welt. Eugen Ulmer Verlag GmbH & Co., Postfach 705061, D-70574 Stuttgart.
- Die Voliere. Verlag M. u. H. Schaper, Postfach 1642, D-31061 Alfeld (Leine).

• AZ Nachrichten.
Vereinsgebundene Zeitschrift für Mitglieder der AZ (→ Adresse, Seite 62).
• DSV Nachrichten.
Vereinsgebundene Zeitschrift für Mitglieder der DSV (→ Adresse, Seite 62).
• Das Tier.
Hallwag Verlag, Brunnwiesenstr. 23, D-73760 Ostfildern.

Fragen zu Wellensittichen beantworten auch

Ihr Zoofachhändler und der ZZF (→ Adresse, Seite 62).

Der Autor

Dr. Immanuel Birmelin lebt in Kirchzarten. Der Verhaltensbiologe ist an zahlreichen Veröffentlichungen und Filmen zur Verhaltensforschung beteiligt. Seine langjährige Forschungsarbeit brachte viele neue Erkenntnisse über Wellensittiche und ihr Verhalten.

Die Fotografen

Die meisten Fotos in diesem Buch stammen von Uwe Anders. Der Diplombiologe unterrichtet und veröffentlicht Artikel zu Naturthemen. Seit Jahren liefert er als freier Kameramann und Fotograf faszinierende Naturaufnahmen, auch für zahlreiche TierRatgeber bei GU.
Die anderen Fotos stammen ebenfalls von bekannten Naturfotografen:
Arendt und Schweiger: Seite 10, 11;
Juniors/Aschermann: kleines Foto, Seite U1;
Neukamp: Seite 37;
Wegler: Seite U2/1, 2/3, 6/7, 16, 17, 18, 21, 24, 29, 31, 32 li., re.u. 48, 49, 50 (großes Foto).

Der Zeichner

György Jankovics studierte Grafik an den Kunstakademien Budapest und Hamburg. Für viele Titel bei GU und weiteren angesehenen Verlagen lieferte er bereits Zeichnungen zu Tier- und Pflanzenthemen.

Wichtige Hinweise

Menschen, die allergisch auf Federn oder Federstaub reagieren, sollten keine Vögel halten. Fragen Sie im Zweifelsfall vor der Anschaffung Ihren Arzt. Verletzungen durch den Wellensittich sollten Sie sofort vom Arzt versorgen lassen. Die seltene Papageienkrankheit kann für Mensch und Tier lebensbedrohend sein (→ Seite 58). Gehen Sie im Zweifelsfall mit dem Wellensittich zum Tierarzt, suchen Sie bei Erkältungs- oder Grippeanzeichen unbedingt Ihren Arzt auf und weisen Sie ihn auf die Vogelhaltung hin.

An unsere Leserinnen und Leser

Wir freuen uns, Ihre Meinung zu diesem TierRatgeber zu erfahren. Bitte schreiben Sie uns, wenn Sie Berichtigungen und Ergänzungsvorschläge haben oder wenn Ihnen etwas besonders gut gefällt.

Gräfe und Unzer Verlag
Redaktion Natur
Stichwort: TierRatgeber
Postfach 86 03 66
D-81630 München

Fotos: Buchumschlag und Innenteil

Umschlagvorderseite: Körperpflege (großes Foto), handzahmer Wellensittich (kleines Foto).
Umschlagrückseite: Kolbenhirse ist beliebt.
Seite 1: Aufmerksamer Wellensittich.
Seite 2/3: Hund und Sittich als Freunde.
Seite 4/5: Grünfutter ist gesund.
Seite 6/7: Balz.
Seite 64: Paarung (links), Neugierde (rechts).

Impressum

Redaktion:
Anita Zellner
Lektorat:
Eva Beyer
Umschlaggestaltung und Layout:
Heinz Kraxenberger
Zeichnungen:
György Jankovics
Herstellung: Heide Blut/Susanne Mühldorfer
Satz: Heide Blut
Reproduktion:
Fotolito Longo
Druck und Bindung:
Stürtz

ISBN 3-7742-3140-0

Auflage 4. 3. 2.
Jahr 2000 99 98

EXPERTEN-RAT

Der Experte gibt Antwort auf die 10 häufigsten Fragen zu Wellensittichen.

1 Soll ich mir einen oder zwei Wellensittiche anschaffen?

2 Wie oft muß ich meinen Wellensittich fliegen lassen?

3 Können Wellensittiche sprechen lernen?

4 Wie kommen Wellensittiche zu diesem Namen?

5 Wie entsteht bei Wellensittichen das bunte Gefieder?

6 Muß ich meinen Sittichen regelmäßig die Krallen schneiden?

7 Was bedeutet das häufige Flügelschlagen meines Wellensittichs?

8 Wieviel muß ein Wellensittich täglich fressen?

9 Welches Organ arbeitet am meisten beim Wellensittich?

10 Was ist die häufigste Todesursache bei Wellensittichen?